KB272637

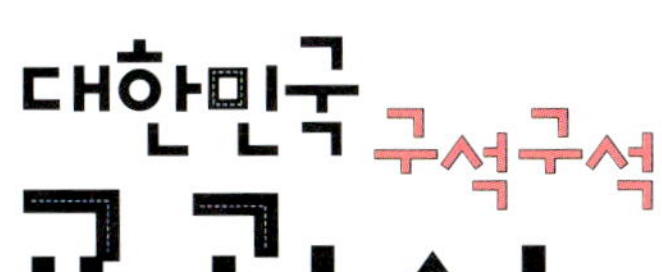

대한민국 구석구석
교과서
여행

# 대한민국 구석구석 교과서 여행

김수정 지음

아주 좋은 날

# 교과서 여행은
# 또 하나의 '행복'을 찾는 여행!

언론에서는 연일 새로운 교육법에 대해 이야기하지만, 정작 우리 아이들의 행복을 고민하는 이들은 많지 않은 것 같습니다. 우리 아이들이 좀 더 행복해지려면 어떻게 해야 할까를 고민하기보다는 '똑똑한 아이' 혹은 '뭐든지 1등 하는 아이'로 키울 수 있는 방법을 찾는 것에만 골몰해 있습니다.

지금 이 순간 "우리 아이들은 행복할까?" 하는 질문을 스스로에게 건네 보십시오. 혹시 부모님의 요구와 지시에 못 이겨 잠을 줄여 공부해야 할 정도로 바쁘게 살고 있지는 않은가요?

제가 학교생활에서 가장 눈여겨보는 아이들은 공부 못하는 아이들이 아닙니다. 공부는 못할 수도 있습니다. 제가 가장 마음 쓰고 관심을 기울여 보듬어주고 싶은 아이들은 어두운 아이들입니다. 늘 우울해하고 산만하고 집중을 못하고 타인과 소통이 안되는 아이들이 최근 몇 년 사이에 부쩍 늘었습니다.

이런 아이들일수록 서로를 사랑하고 아껴주는 여행이 필요합니다. 그 여행은 부모와 자녀 간에 가장 질 높은 여가생활을 만들어줄 것이고, 교과서 여행이 추구하는 지성, 인성, 감성이라는 삼박자를 골고루 만족시켜줄 것입니다.

어느 때부터인가 대한민국에 '교과서 여행'이 하나의 여행 콘텐츠로 등장했습니다. 그런데 문제는 교과서 여행을 교과 과정에 나오는 내용을 눈으로 보고 외우는 여행으

로 오해하는 분들이 있다는 것입니다. 그러다가 교과서 여행이 또 다른 사교육 시장의 모양새로 흘러가지 않을까 걱정이 됩니다.

이제 우리 부모님들은 아이들의 일거수일투족을 관장하는 역할에서 벗어나 아이들의 마음을 읽어주고, 함께 시간을 보내주며, 아이의 고민과 욕구를 들어주고 받아주는 지지자로 그 역할을 바꾸어야 합니다.

사람들은 저에게 삼남매 키우랴, 학교에서 아이들 가르치랴, 집안 살림하랴, 책 집필하랴, 도대체 그 많은 일을 어떻게 다 하느냐고 합니다. 하지만 교과서 여행을 다니며 자기주도적이고 창의적이고 자율적인 아이들로 자란 덕분에 오히려 저는 아이들에게 큰 도움을 얻고 있습니다. 올해 초등학교 3학년인 큰딸 세영이는 글 쓰는 엄마에게 도서관에서 책을 빌려다 주기도 하고, 인터넷에서 자료를 검색하여 정리해 주기도 했습니다. 둘째인 찬영이도 풍부한 독서를 바탕으로 이야깃거리와 아이디어를 주었고, 아직 어린 막내는 제 옆에서 책을 읽으며 용기를 북돋아 주었습니다.

마지막으로 당부하고 싶은 것은 부디 이 책에 있는 교과 단계의 내용을 아이에게 강요하지 말라는 것입니다. 그 대신 부모님이 먼저 이 책을 읽고 아이와 대화하고 함께 고민하기를 바랍니다. 이 책을 통해 가족의 의미를 알고 실천할 수 있는 행복한 가족들이 더욱 더 늘어나기를 간절히 소망합니다.

# 눈과 귀에 쏙쏙 들어오는 교과서 여행법

공부 잘하는 아이들은 어떤 아이들일까요? 억지로 등 떠밀려 공부하는 아이들은 좋은 성적을 내다가도 어느 정도 수준에 가서는 더 이상 올라서기가 힘듭니다. 진짜 공부 잘하는 아이들은 공부를 너무너무 재미있어 하는 아이들입니다.

교과서 여행을 하면 공부가 정말 재미있어집니다. 딱딱하게 암기하지 않아도 되고, 공식이 있는 것도 아니고, 맑은 공기 마시면서 즐겁게 보고 듣고 익히는 교과서 여행은 책 속에 갇혀진 지식이 입체적으로 다가오게 만듭니다.

경험이 많은 아이들은 자신감이 넘칩니다. 또한 외우지 않아도 입체적으로 기억할 수 있는 능력이 길러집니다. 단, 그 경험 안에는 반드시 부모님의 사랑과 풍부한 독서가 뒷받침되어야 합니다. 여행을 떠나서조차 아이가 싫어하는 학습을 강요하며 닦달하는 부모님들이 많습니다. 부모님 자신조차도 어려운 것을 싫어하고 관심도 없으면서 아이가 완벽하게 알기를 바라면 아이는 여행 자체를 싫어하게 됩니다.

너무 많은 것을 한꺼번에 보여주고 기억시키려 하지 마십시오. 예를 들어 경주를 가더라도 초 강행군으로 돌아다니며 온갖 지식을 아이에게 주입하려 하지 말고 경주를 앞으로 서너 번은 더 방문하겠다는 생각으로 여유를 갖고 찬찬히 유적을 살펴보는 여행자의 마음이 필요합니다.

자, 이제부터 본격적으로 교과서 여행을 어떻게 다녀야 할지 차근차근 알아보도록 하지요.

**하나.** 이 책이 제안하는 코스를 한꺼번에 다 돌아보려는 생각보다는 몇 번을 더 방문한다는 마음으로 천천히 돌아봅시다. 아이들이 제대로 된 지식을 얻고 활용하려면 사색하고 휴식하는 시간이 반드시 필요하니까요.

아이들은 어느 정도 관광을 한 뒤에는 부모님과 즐겁고 유쾌한 시간을 보내고 싶어 합니다. 우리나라 사람들은 여행을 할 때 관광버스를 대절하여 새벽부터 저녁 늦게까지 강행군을 하는 일이 많습니다. 마치 그곳을 다시는 안 올 기세로 말이죠. 저는 이 책에서 추천하는 지역을 적어도 서너 번씩은 방문했습니다. 한 번 가서는 그 지역이 주는 여행지로서의 매력이나 학문적인 가치를 다 느껴볼 수가 없습니다. 특히 박물관 같은 곳은 반나절 이상을 투자하여 여유롭게 둘러봐야 합니다. 하나의 장소에 대해 깊이 있게 사색하고 토론하고 공부하는 것이 마구잡이로 다니는 것보다 훨씬 더 아이의 사고를 키운다는 것을 잊지 마시고 조금 피곤해 한다 싶으면 바로 숙소나 온천, 혹은 즐길 거리들을 찾아 휴식시간을 갖는 것이 좋습니다.

**둘.** 아이가 흥미를 보이는 것을 우선순위에 두세요.

공룡이나 화석 같은 것에 열광하는 반면 문화재라 하면 하품부터 하는 아이를 끌고서 하루 종일 박물관투어를 한다는 것은 교과서 여행의 의미와 맞지 않습니다. 저는 아이가 가장 흥미있어 하는 부분을 가장 먼저 배려합니다. 저희 집 삼남매 중 첫째는 역사문화 탐방에 관심이 많습니다. 그래서 박물관이나 유적지를 여행일정 중 한 군데에 꼭 집어넣습니다. 둘째 아이는 언어에 관심이 많아서 유적지를 찾을 때 한자가 새겨진 비석을 찾아 읽어보기 같은 활동을 꼭 넣어줍니다. 그리고 막내 아이는 과학과

음악, 미술에 관심이 많아서 미술관과 오페라 감상, 공룡화석 유적지 등을 자주 방문합니다.

아이들은 태어날 때부터 제각각 재능을 가지고 태어납니다. 따라서 아이가 가장 흥미로워하는 것을 위주로 삼고 점점 영역을 확대해나가는 것이 중요합니다. 그래야 세상을 바라보는 눈도 호기심과 흥미로 가득 차게 됩니다.

### 셋. 여행지에서는 아이들을 위주로 행동하세요.

여행지에서만큼 온전하게 부모와 자녀가 함께 정서를 교감하고 공유할 수 있는 시간이 있을까요? 가족 여행은 그만큼 정서를 교감할 수 있는 시간이기도 하지만 동시에 부모의 가치관과 생활습관이 자녀에게 온전하게 노출되는 시간이기도 합니다. 부모의 행동과 생각이 어떠하나에 따라 아이들은 그대로 본받기도 하고, 그것을 자신의 삶의 기준으로 삼기도 할 것입니다.

### 넷. 여행을 떠나기 전에 아이들과 충분한 대화를 나누세요.

아이들과 여행을 떠나기 전에 저는 여러 가지 놀이를 합니다. 관련 책자를 미리 찾아 읽고 골든벨 대회 열기, 열 문제 중 일곱 문제 이상 맞추면 맛있는 쿠키 한 통 주기, 여행지가 수록된 지도를 가지고 나만의 여행 경로 짜기, 여행 가이드북 만들어 보기 같은 활동들이죠. 그 과정에서 아이들은 그 지역과 친숙해질 수 있고 사전 지식을 갖출 수 있으며 여행지에 대한 기대감을 품을 수 있습니다.

 준비가 다 되었다면 교과서 여행을 떠나는 탐험대의 이름을 정해 보세요.

저희 집 삼남매는 '구석구식 탐험대'라는 이름으로 활동하고 있습니다. 신나는 탐험활동을 떠나보자는 의미로 이 이름을 붙였다고 하더군요. 좋은 아이디어인 것 같아 여기에서 소개해 봅니다.

좀 지루해질 수도 있는 여행을 아이들끼리 혹은 부모님과 아이가 한 팀이 되어 '찾아라 탐험대', '샛별 탐험대', '용감한 형제들' 같은 이름을 붙여서 신나게 여행한다면 아이들도 더 흥미를 갖게 되고 즐거워할 것입니다.

# 교과서 여행에 재미를 더하는 특별한 준비물

여행을 떠나기 전에 간단한 준비물 몇 가지만 더 챙겨도 여행이 즐겁고 풍요로워집니다.

### 하나. 여행지와 관련된 책 몇 권

여행을 떠나는 곳과 관련된 책들을 미리 준비해서 여행을 떠나기 전후로 시간을 내어 읽어보는 것이 좋습니다. '아는 만큼 보인다'는 말이 있듯이, 책을 읽은 아이들에게는 여행지에 대한 자세한 정보와 여행지에서 만날 수 있는 교과서 속의 내용들이 보다 더 정교하게 다가올 것입니다.

예를 들어 갯벌체험을 하러 간다면 아이들과 서점에 나가서 갯벌에 관한 재미있는 과학책들을 찾아보면 좋습니다. 정 시간이 안 된다면 도중에 휴게소나 여행지의 관광안내소에 들러서 지역정보 리플릿을 받아서 읽고 여행지를 방문하는 것도 도움이 됩니다. 미리 읽어보고 경험하는 과정은 나중에 학교 공부를 할 때에도 도움이 되는 습관입니다.

## 둘. 비상약, 구급약

비상약들은 작은 구급가방에 구비하여 다니는 것이 좋습니다. 1박 2일 같은 짧은 일정 중에도 예기치 않은 사건 사고들이 더러 생기기 때문입니다. 가장 많이 필요한 구급약은 소독약과 상처에 바르는 연고, 드레싱밴드입니다.

그리고 밴드, 소독약, 연고, 소화제, 지사제, 해열제는 꼭 준비해서 떠나십시오. 특히 어린아이들이 있는 집에서는 각별히 구급상자를 준비하시기 바랍니다. 산간지역 같은 오지에서는 약국을 찾는 것도 쉬운 일이 아니랍니다. 유아와 동반해서 여행할 때에는 미니가습기 같은 전자제품을 준비하는 것도 도움이 됩니다.

## 셋. 메모지와 필기도구

메모지와 필기도구가 필요한 때는 언제일까요? 숙소로 돌아와서 잠시 휴식할 때 다 같이 둘러앉아 오늘 돌아본 지역 중 가장 인상 깊었던 곳에 대해 메모하거나 여행 소감을 정리하는 데 필요합니다. 이때 메모한 내용을 가지고 집에 돌아가 일기를 쓸 수도 있고, 여행에 대한 기록들을 정리할 수도 있습니다.

## 넷. 돋보기, 쌍안경, 작은 배낭, 물통, 여행 지도, 편안한 운동화

우리 가족은 가끔 특이한 복장으로 여행을 떠납니다. 여행에 대한 재미와 기대감을 쑥쑥 키워주기 때문이죠. 정말 탐험가가 된 것처럼, 얼룩무늬 밀리터리 룩의 상하의에 고고학자들이 쓰는 벙거지모자를 쓴 다음 쌍안경을 목에 걸면 아이들이 참 좋아합니다. 작은 배낭에 여행지 지도와 물통, 가벼운 간식거리들을 챙겨넣어 주는 것도 좋습니다. 이렇듯 옷 하나만 따로 준비해도 아이들은 진짜 탐험가라도 된 양 즐겁고 적극적으로 여행에 동참하게 된답니다.

## 다섯. 헤드랜턴과 무전기

동굴탐험이나 등산을 할 때 좋은 준비물이 헤드랜턴과 무전기입니다. 우리나라는 석회암 동굴이 많은 편인데 가끔 강원도를 여행하다 보면 동굴을 방문할 기회가 생깁니다. 이때 헬멧을 착용하고 그 위에 헤드랜턴을 쓰면 안전합니다.

무전기는 아이들이 좋아하는 여행 준비물이기도 하지만 등산처럼 걸음차이 때문에 아빠 팀과 엄마 팀으로 나뉘어졌을 경우 탐험가처럼 서로 위치를 교신하는 특별한 재미가 있습니다. 저는 평소에는 시계로 사용할 수 있는 팔찌형 무전기를 유용하게 사용하고 있습니다.

## 여섯. 작은 노트북

넷북이라고 하는 미니노트북이 요즘 유행입니다. 저는 이 노트북에 여행지와 관련된 다큐멘터리나 유용한 정보를 저장해서 가져갑니다. 여행지에서 저녁때 시간이 나면 식사를 한 후 아이들과 같이 다큐멘터리를 시청하기도 하고 인터넷이 연결되는 곳에서는 여행 정보 중 부족한 부분을 실시간으로 검색할 수도 있습니다.

## 일곱. 바비큐 장비

바비큐 장비는 외식을 즐기는 가족이라면 굳이 필요하지 않은 장비입니다. 그러나 아이가 아직 어린 집이라면 외식보다는 숙소에서 바비큐를 하는 게 편할 겁니다. 아이들은 편안하게 뛰어놀 수 있고 부모님은 맑은 공기를 마시며 여유롭게 식사를 즐길 수 있기 때문이죠.

보통 숙소들은 민박이나 펜션에서 바비큐 그릴을 구비하고 있기 때문에 바비큐를 하실 예정이라면 예약을 할 때 그릴 유무를 확인하는 게 좋습니다.

**게임** 공기 좋고 물 맑은 곳에 와서 게임기에 열중해 있는 아이들을 종종 보게 됩니다. 그런 경우를 보면 아이를 키우고 있는 엄마 입장에서 정말 걱정스럽습니다. 게임은 그 내용도 내용이지만 뇌를 움직이는 사고 작용 중 가장 중요한 확산적 사고를 제대로 하지 못하게 만듭니다.

그래서 저는 엄마 아빠가 편하자고 여행지에서 아이들에게 게임기를 쥐어주는 행동은 정말 말리고 싶습니다. 차라리 부모님 몸이 좀 힘들더라도 함께 놀아주고 실컷 이야기를 나눠주세요. 우리 아이들에게 가장 필요한 것은 부모님의 사랑입니다.

**방임** 눈코 뜰 새 없이 바쁜 아빠, 아빠만큼이나 바쁜 엄마, 그리고 아빠, 엄마보다 더 바쁜 요즘 아이들! 그 바쁜 사람들이 어렵게 시간을 만들어 떠난 여행길입니다. 요즘은 많이 좋아졌지만 여행길에서 만난 부모님들 중에는 가족끼리 단체로 여행을 와서 엄마는 엄마들끼리 모여서 수다를 떨고, 아빠는 아빠들끼리 술을 마시고, 아이들은 아이들끼리 게임기에 매달리는 모습을 많이 보았습니다.

여행은 마음을 서로 나누기에 좋은 기회입니다. 바쁜 일상에서 짬을 내어 떠난 여행이니만큼 온전히 가족끼리 정을 나눌 수 있는 시간을 만들어 보세요.

**폭언과 폭력** 운전을 하다가 새치기를 하는 차량 때문에 무심코 폭언과 삿대질을 하는 아빠들 혹은 그동안 대화 없이 지내다가 여행지에서 참았던 울분을 토로하는 엄마들이 있습니다. 아이들이 등 뒤에서 지켜보며 상처받을 수 있다는 사실을 늘 기억해야 합니다. 아이들은 부모님의 모습을 스펀지처럼 빨아들인다는 사실을 기억하세요. 자녀가 사회에서 귀하게 대접받기를 원한다면 부모님이 먼저 바른 모습을 보여주어야 합니다.

선사시대부터 현대까지, 작은 역사 박물관  강화도

정조가 꿈꾸었던 새로운 도읍지  수원화성

한민족의 얼을 느낄 수 있는  한국민속촌

조선왕조 500년의 역사를 거닐다  경복궁

심청이와 함께 역사 속으로  국립민속 어린이박물관

체험학습의 필수코스  국립중앙 어린이박물관

신석기시대가 눈앞에 펼쳐진다!  암사동 선사주거지

한성 백제의 찬란한 역사 속으로!  풍납토성과 몽촌역사관

# 서울과 경기도로 떠나는 교과서 여행

# 선사시대부터 현대까지, 작은 역사 박물관 강화도

## 추천 코스 (1박 2일)

**출발** ▶ 초지진 ▶ 광성보 ▶ 점심식사 ▶ 강화역사관 ▶ 고려궁지 ▶ 고인돌 유적지 ▶ 숙소 체크인 ▶ 1박 후 동막해수욕장 갯벌체험 ▶ 점심식사 ▶ 전등사

강화도는 초등학교 선생님들이 선호하는 최고의 현장학습 장소입니다. 청동기시대를 대표하는 고인돌을 만날 수 있는 곳이자, 고려시대 몽골과 항전한 격전지이며 조선 후기 외세의 거센 압력에 끝까지 항전했던 치열했던 역사의 현장이기 때문입니다. 강화도 곳곳에 빼곡히 들어차 있는 보, 진, 돈대 등의 방어시설은 치열했던 역사를 생생히 증언하고 있으며 선사시대부터 현대에 이르는 다양한 유물과 사적도 풍성하게 만날 수 있습니다.

아이들과 함께 여행을 떠나기 전에는 교과서를 펴놓고 방문할 만한 장소를 먼저 정해볼 것을 권합니다. 저 역시 여행 전에는 아이들과 교과서를 들추어보며 여행하고 싶은 코스와 중요한 장소를 선별하여 이동 경로를 짭니다. 모든 여행지가 다 중요할 테지만 이번 강화도 편에서는 가장 비중 있고 핵심적인 코스인 초지진, 광성보, 전등사, 강화역사관, 고인돌 유적지를 소개하려 합니다.

가을 단풍이 아름다운 전등사의 대웅보전

# 초지진 강화도를 지키던 돈대

**주소** 인천 강화군 길상면 초지리 624 | ☎ 032-930-7072

**가로수가 아름다운 초지진 입구**

초지진은 아주 작은 방어시설이지만 교과서에서는 상당히 비중 있게 다루어집니다. 왜 그럴까요? 이 작은 초지진에서 무려 세 번에 걸친 역사적 사건들이 일어났기 때문입니다. 1866년의 병인양요, 1871년의 신미양요, 1875년의 운요호 사건이 바로 그것인데요. 지금도 초지진에는 신미양요 때 포탄을 맞은 흔적이 있는 소나무가 바다를 향해 그늘을 드리우고 있어 아이들과 함께 가슴 아픈 역사의 현장을 생생하게 느낄 수 있습니다.

초지진은 사적 제225호로 지정된 중요한 군사시설이지만 여행지로도 너무나 좋습니다. 봄이면 싱그러운 초록빛 새잎이 가득하고, 가을이면 들어서는 입구가 노란 은행잎으로 물듭니다.

 **교과서 돋보기**

**병인양요** 나라에서 천주교를 금하면서 조선은 프랑스 신부를 포함한 천주교도 수천 명을 처형하게 됩니다. 프랑스는 이 사건을 빌미로 조선을 침공하게 되는데 한 달 동안 강화도를 점령하여 수많은 문화재를 강탈해 갔습니다. 그러나 양헌수 장군을 중심으로 한 우리 군대는 삼랑성에서 프랑스군을 물리쳤습니다.

# 광성보 신미양요와 어재연 장군을 기억하다

**주소** 인천 강화군 불은면 덕성리 833 | ☎ 032-930-7070

눈물이 뚝뚝 떨어질듯 초연한 산책길을 따라 한참 걸어 들어가다 보면 곳곳에 흩어져 있는 치열했던 전쟁의 흔적에 가슴이 저며 오는 곳이 광성보입니다. 광성보는 규모 면에서부터 다른 보와 진 시설을 압도합니다.

광성보에 남아있는 대포

탄탄한 요새였던 만큼 전투도 많았는데 광성보에 세워져 있는 쌍충비는 신미양요 때 어재연 장군을 포함한 59명의 충신들을 모신 순절비입니다. 그리고 광성보에서 만날 수 있는 용두돈대와 손돌목돈대는 풍광도 아름다워 산책하기에도 너무나 좋습니다. 광성보를 여행한다면 신미양요라는 단편적인 역사를 주입식으로 알려주지 말고 아이들과 관련 서적을 읽어본 후 역사적 배경에 대해 함께 이야기해 보세요.

 **교과서 돋보기**

**신미양요** 미국의 상선 제너럴 셔먼 호는 평양까지 출몰하여 통상을 요구하면서 소란을 피웁니다. 이에 평양 군민들이 합심하여 제너럴 셔먼 호를 불태우는 사건이 발생하는데 미군은 이를 빌미로 5척의 군함을 강화도로 보내 공격을 단행합니다. 초지진은 점령되었으나 광성보는 어재연 장군이 이끄는 조선군의 강력한 저항으로 마침내 물러나게 됩니다. 병인양요와 신미양요라는 두 차례에 걸친 서양의 침략으로 흥선대원군은 서양과 절대 화친하지 않겠다는 결의를 다지며 전국 곳곳에 척화비를 세웁니다.

# 전등사 아도화상과 나부상의 전설

**주소** 인천 강화군 길상면 온수리 635 | ☎ 032-937-0125 | http://www.jeondeungsa.org

전등사는 예나 지금이나 많은 이야기를 품고 있다

가을이면 은은한 산책길에 운치를 더하는 전등사는 제가 가장 사랑하는 강화도의 여행지이자 우리나라에서 가장 오래된 사찰 중 하나입니다. 우리나라에 처음 불교가 전래된 것이 고구려 소수림왕 2년인 서기 372년인데 그로부터 9년 후에 세워진 사찰이니 얼마나 역사가 깊은 곳인지 짐작이 가실 겁니다.

전등사를 처음 세운 분은 '아도'라는 스님이었습니다. 아도화상이 처음 절을 세웠을 때의 이름은 '진종사'였으나 고려시대 충렬왕의 부인인 정화궁주가 전등사에 옥으로 만든 귀한 등잔을 시주한 이후부터 '전등사'라는 이름으로 불리었다고 합니다.

오래된 사찰인 만큼 전등사는 우리나라의 아픈 역사와도 그 길을 함께하였습니다. 조선시대에는 조선왕조실록을 보관하는 사고로도 이용되었고, 병인양요 때는 전등사에 들어오는 입구인 삼랑성에서 우리나라 군대와 프랑스 군대의 치열한 격전이 펼쳐지기도 하였습니다. 따라서 강화도의 불교는 나라를 구하고자 하는 간절한 염원을 담은 호국불교의 색채를 강하게 띠게 됩니다.

재미있는 전설이 남아있는 은행나무를 지나 또 다른 나부상의 전설을 고스란히 안고 있는 대웅전 건물은 새로 덧칠을 하지 않아 세월의 흔적에 빛바랜 자연미를 자랑하고 있습니다. 물론 예전에는 강렬한 색감의 단청이었겠지만, 비가 오고 눈이 오고 바람이 부는 자연현상에 지속적으로 노출되면서 단아한 색깔로 차츰차츰 빛이 바래어 세월을 고스란히 담은 모습은 하나의 작은 감동으로 와 닿습니다.

유구한 역사에서부터 건축물이 주는 미의식까지 전등사가 우리에게 주는 가르침은 끝이 없습니다. 사찰을 돌아 나오면 입구에 '죽림다원'이라는 널찍한 정원이 딸린 전통찻집이 눈에 띕니다. 먼 길을 산책한 후 아픈 다리도 쉴 겸, 사찰이 주는 포근함도 느껴볼 겸 이곳에서 전통차 한 잔을 음미하는 것은 고단한 여행길에 만끽할 수 있는 편안한 휴식과 낭만이 됩니다.



전등사 대웅보전의 나부상에 얽힌 전설에 대해 알고 있나요? 전등사에는 재미있는 이야기가 전해집니다. 전등사는 1,600여 년이나 된 오래된 사찰이기 때문에 숱한 화재를 겪어야 했습니다. 나무로 지은 목조 건물들이 화재에 취약하듯, 전등사 역시 여러 번의 보수공사를 해야 했는데 고색창연한 단청의 아름다움을 자랑하는 전등사의 대웅보전도 조선시대에 다시 지어진 것입니다.

전등사의 대웅보전을 떠받치는 단청을 찬찬히 들여다보면 벌거벗은 원숭이 모양의 여인이 절을 받들고 있는 것을 볼 수 있습니다. 부처님을 모시는 신성한 법당에 벌거벗은 여인이 지붕을 받치고 있는 기괴한 형상에 의문을 품을 수도 있는데요.

이것에는 재미있는 전설이 전해 내려오고 있습니다.

전등사 대웅보전의 보수공사에 참여했던 도편수는 공사에 참여하던 중에 사하촌의 주모와 사랑에 빠지게 됩니다. 사랑에 눈이 먼 도편수는 공사로 버는 돈을 모조리 주모에게 가져다주었고, 공사가 끝나고 나면 주모와 살림을 차릴 생각에 신나게 일을 할 수 있었습니다. 그러나 공사가 막바지에 이를 때쯤, 도편수는 주모가 그동안 모아둔 돈을 싸들고 야반도주를 했다는 사실을 알게 됩니다. 여인에 대한 분노로 치를 떨던 도편수는 잠시 방황과 갈등의 나날을 보냈지만 다시금 마음을 다잡고 사랑을 배반하고 도망간 여인을 나무로 조각하여 대웅보전의 지붕을 떠받들게 하는 형벌을 받게 합니다. 죄를 뉘우치고 참회하며 살아가라는 뜻의 나부상은 4면이 모두 다른 형상을 하고 있어 이 이야기를 알고 처마를 찬찬히 살피는 이들에게 재미있고 뜻깊은 볼거리가 됩니다.

전등사 대웅보전의 나부상

# 강화 지석묘 청동기시대의 북방식 고인돌

**주소** 인천 강화군 하점면 부근리 317

서양인들은 거석문화에 열광한다고 합니다. 그래서 거대한 석상이 있는 이스터 섬은 누구나가 여행하고 싶어 하는 꿈의 여행지가 되었습니다. 거대한 돌을 차곡차곡 쌓아올려 인류의 빛나는 문명을 만들어낸 이집트의 피라미드 역시 모두가 한 번쯤은 꿈꾸어 본 여행지일 것입니다.

그렇다면 이러한 거석문화는 서양에서만 존재했던 것일까요? 아닙니다. 우리나라 대한민국이 바로 세계적인 거석 문화의 중심지입니다.

교통이 불편한 섬에서 어떻게 이처럼 거대한 청동기시대 유적이 발견될 수 있었을까요? 강수량이 풍부하고 농사짓기에 적당한 땅을 가지고 있는 강화도는 잉여농산물을 모을 수 있었고 그로 인해 계급이 형성되었을 것입니다. 또한 바다를 접하고 있는데다가 너른 갯벌까지 있어 조개와 물고기가 풍부하여 먹을 것 걱정이 없는 풍요로운 섬이었을 테고요. 지배 계급과 피지배 계급이 형성되기 시작했던 청동기시대의 강화도는 그야말로 청동기 문화를 꽃피우기에 적합한 땅이었던 것이죠. 그런

유네스코 세계문화유산으로 지정된 강화 지석묘

면에서 본다면 우리나라에서 가장 거대한 지석묘가 강화도에 있다는 것이 전혀 이상하게 느껴지지 않습니다. 강화군에서 발견된 지석묘는 중부지방에서는 보기 드문 청동기시대의 대표적인 북방식 고인돌입니다.

## 고인돌이 존재했던 청동기시대는 어떤 시대일까요?

강화 지석묘의 어마어마한 규모를 처음 보는 사람이라면 누구라도 입이 다물어지지 않습니다. 지배자 한 사람의 무덤을 만들기 위해 80,000kg이나 되는 덮개돌을 옮겨야 했을 청동기인들. 무엇이 그들을 이런 대규모 사업에 투입하게 했을까요? 공동체 생활을 하며 경작한 농작물을 사이좋게 나누어 먹었던 신석기시대와 달리 청동기시대는 지배자와 피지배자로 나누어진 사회였습니다. 족장의 권력을 상징하는 고인돌이 바로 그 증거지요.

그렇다면 이 같은 계층의 분리는 어떻게 시작되었을까요? 청동기의 발견으로 인류는 무기를 개발하게 됩니다. 또한 농사의 시작으로 잉여농산물이 생기면서 사유재산에 대한 개념도 자리 잡게 됩니다. 많이 가진 자들은 다루기 어렵고 까다로운 청동기 제작기술을 보유할 수 있었고, 그렇게 해서 만들어진 무기로 이웃 마을에 쳐들어가 점점 영역을 확장해 나갔을 것입니다.

이렇듯 청동기의 발견은 사회의 모습을 전체적으로 바꾸는 원동력이 되었습니다. 작은 부족들을 하나둘씩 병합했던 지배자들은 비로소 청동기시대에 이르러 국가의 형태를 띠게 되었고, 우리나라의 '고조선'도 청동기 문화를 배경으로 만들어진 최초의 국가였습니다.

당시 지배자들은 청동기를 사용하였지만 일반 백성들은 여전히 석기를 사용했습니다. 청동은 워낙 값이 비싸고 만들기도 어려워 어지간한 부를 축적하지 않고서는 만질 수도 없는 귀한 물건이었기 때문입니다. 그러나 사회가 획기적으로 발전하면서 석기 역시 신석기시대에 사용하던 것보다 더 정교해지고 날카로워졌으며 석기를 다루는 기술 역시 발전에 발전을 거듭하여 사회는 한걸음 더 진보하게 됩니다.

# 강화역사관 강화도 역사의 종합 선물세트

**주소** 인천 강화군 강화읍 갑곶리 1040 | ☎ 032-930-7077 | http://ghm.incheon.go.kr

아이들과 강화도 유적지를 다 돌아보기에 시간이 촉박하다면 강화역사관을 둘러보시면 됩니다. 강화도와 관련된 교과서 여행의 종합 선물세트가 바로 강화역사관이니까요.

아이들이 초등학생 이상의 연령이라면 더할 나위 없이 좋은 추천코스가 됩니다. 먼저 인터넷으로 사이버박물관에 접속해서 기초지식을 익힌 다음, 관련 문제들을 아이들과 풀어본 후 관람하면 학습효과는 배가 될 것입니다.

이곳의 관람시간은 오전 9시에서 오후 6시까지 연중무휴이며 관람을 하는 데는 50분에서 80분 정도 소요됩니다.

## 신나는 우주탐험  옥토끼 우주센터

**주소** 인천 강화군 불은면 두운리 1026  |  ☎ 032-937-6917  |  http://www.oktokki.com

옥토끼 우주센터 소유즈관

화성탐사관, 우주과학전시관, 공룡의 숲, 사계절썰매장, 물대포공원, 로봇공원, 물놀이장 등 어린이들의 흥미를 끌고 교육적으로도 도움이 되는 다양한 시설과 체험장으로 구성되어 있는 곳입니다. 별자리 관측도 가능하니 우주와 별에 흥미가 많은 아이들에게는 좋은 여행지가 될 것입니다. 입장료는 유아(4~5세)가 13,000원이고 소인(6세~중학생)이 15,000원이며 대인(고등학생~65세)이 13,000원입니다. 그리고 국가유공자와 65세 이상은 11,000원입니다.

## 깔끔하고 낭만적인 추천 숙소  메종 드 라메르

**주소** 인천 강화군 화도면 사기리 502-1  |  ☎ 032-937-7460  |  http://www.boonori.com

가을이면 저는 늘 이곳에 숙박하고 강화도 교과서 여행을 다닙니다. 대하 양식장을 겸하고 있어 대하가 본격적으로 출하되기 시작하는 9월 넷째 주부터 먹음직스럽게 살이 오르는 10월이 숙박하기에 가장 좋은 시기라고 할 수 있습니다. 인테리어 또한 로맨틱하고 아름다워 가을 정취를 느끼기에 충분하며 바로 앞에 펼쳐져 있는 드넓은 동막 갯벌은 아이들의 신나는 놀이터가 됩니다.

메종 드 라메르의 아름다운 객실 알레

## 강화도 주요 관광지 요금표

| 구분 | | 역사관 | 고려궁지 | 광성보 | 덕진진 | 초지진 | 마니산 (함허동천) | 갯벌센터 |
|---|---|---|---|---|---|---|---|---|
| 어린이 | 개인 | 700 | 600 | 700 | 500 | 500 | 500 | 800 |
| | 단체 | 600 | 500 | 600 | 400 | 400 | 300 | 600 |
| 청소년 군인 | 개인 | 700 | 600 | 700 | 500 | 500 | 800 | 1,000 |
| | 단체 | 600 | 500 | 600 | 400 | 400 | 600 | 800 |
| 어른 | 개인 | 1,300 | 900 | 1,100 | 700 | 700 | 1,500 | 1,500 |
| | 단체 | 900 | 700 | 900 | 600 | 600 | 1,200 | 1,000 |

| 기타 | 종합관람권(5개소) | | | 야영료 (1일체류 추가요금) | 갯벌체험센터 (032) 930-7064~5 (매주 월요일 휴무) |
|---|---|---|---|---|---|
| | 구분 | 청소년 | 어른 | 소형천막 2,000(1,500) | |
| | 개인 | 1,700 | 2,700 | 중형천막 2,000(1,500) | |
| | 단체 | 1,300 | 2,000 | 대형천막 2,000(2,000) | |

• 단체는 30명 이상입니다.

# 정조가 꿈꾸었던
# 새로운 도읍지
# 수원화성

> **| 4-2 사회 |** 세계유산으로 지정된 화성의 모습을 살펴보자.
>
> **| 5-2 사회 |** 거중기로 쌓은 수원화성의 특징을 살펴보자.
>
> **| 6-1 사회 |** 실학이 조선 사회에 미친 영향에 대하여 알아보자.
>
> **| 6-2 과학 |** 우리 건축과학의 우수성이 잘 드러난 수원화성이 어떻게 지어졌는지 알아보자.

## 추천 코스 (당일)

**출발** ▶ 수원화성

아부심벨을 본 적이 있나요? 앙코르와트는요? 불국사는요? 저는 세계문화유산으로 지정된 곳들을 아이들과 틈틈이 여행하는 편입니다. 아부심벨, 앙코르와트, 석굴암, 불국사 모두 방문할 때마다 언제나 크고 작은 감동을 느꼈지요. 인류 역사상 찬란한 문화의 꽃을 피울 수 있으려면 적어도 뭇사람들의 영혼 깊숙한 곳을 울리는 특별함이 있어야 한다고 생각합니다. 개인적으로 저에게는 수원화성이 바로 그런 곳입니다.

처음에는 아이와 함께 책을 읽다가 수원화성에 관심을 갖게 되었습니다. 학교에서 숱하게 정약용과 정조와 수원화성에 대해 이야기해 왔지만 정작 가본 적은 없었습니다. 게다가 독서를 즐기는 딸아이로부터 정조가 화성으로 도읍을 옮기려 했었다는 이야기를 듣고 관심을 갖게 되었지요. 실제 방문한 수원화성은 상상 그 이상이었습니다. 교과서에 나오는 팔달문 사진만으로 어찌 화성의 아름다움과 과학성을 논할 수 있을까요? 그 감격은 아이들의 손을 잡고 가슴 벅차게 걸어봐야만 느낄 수 있습니다.

수원화성의 남쪽 성문인 팔달문

# 수원화성 유네스코 세계문화유산

**주소** 경기도 수원시 팔달구 행궁길 185 | ☎ 031-251-4435 | http://hs.suwon.ne.kr

**수원화성을 건축한 천재 실학자 정약용**

조선 후기에 이르러 조선 학자들 사이에서는 사회 변화에 발맞추어 실제 생활을 중시하는 새로운 학풍이 자리 잡게 됩니다. 이는 상공업이 발달하기 시작한데다가 모내기법(물을 가둬 놓고 어린 풀을 심어 키우는 농사법)과 골뿌림법(밭에 고랑을 파고 씨앗을 뿌려주는 농사법) 같은 획기적인 농업기술의 발달로 부농이 생겨나기 시작한 사회적 분위기도 한몫을 하였습니다.

학문은 드디어 백성들이 잘 사는 것에 관심을 기울이기 시작한 실사구시의 학문으로 탈바꿈합니다. 실학은 여러 방면으로 나누어져 연구되는데 농업을 중시한 중농학파, 상업을 중시한 중상학파, 우리의 역사를 연구하던 학파, 지리를 연구하던 학파, 천문과학에 관심이 많았던 학파들이 있었습니다. 이러한 다양한 실학의 갈래를 집대성한 학자가 바로 정약용이며, 그의 업적에 대해서는 과학, 사회, 국어 등 다양한 교과 과정에서 다루고 있습니다. 그가 남긴 저서가 무척 많은데 그중에서도 『목민심서』, 『경세유표』, 『흠흠신서』 등이 가장 대표적입니다.

그렇다면 실학은 당시 사회에 어떤 영향을 주었을까요? 당시 정약용이 암행어사로 명을 받아 백성들의 생활을 돌아보며 적었던 시 한 편을 살펴보도록 하겠습니다.

집안에 가진 것이란 너무도 쓸쓸하구나.

모두 거두어 팔아야 일고여덟 냥 될까 싶구나.

산에서 나는 과실 대롱대롱 석 줄을 매달고

붉은 고추 한 꿰미 걸어둔 것을.

헝겊을 붙여 깨진 독 구멍을 막고

새끼 매어 빈 시렁을 매달았구나.

놋수저는 예전에 벼슬아치가 가져가고

무쇠솥은 지금 또 옆집 양반이 빼앗아 가는구나.

오호라! 이런 집이 온 천지에 가득 찼어도

구중궁궐 멀고 멀어 알기나 하였으랴.


정약용의 시를 통해서도 알 수 있듯이 당시에는 양반들의 횡포가 극에 달했고 백성들의 삶은 궁핍하기 그지없었습니다. 백성을 사랑하고 아끼던 학자 정약용에게는 당장 백성들의 삶을 나아지게 만들 수 있는 학문 연구가 절실했습니다. 그 와중에 탄생한 발명품이 바로 거중기입니다. 도르래의 원리를 이용하여 만든 거중기는 중국의 『기기도설』이라는 책을 참고로 만들어졌습니다.

그동안 성을 축조할 때는 무거운 돌을 직접 지고 날라야 했는데, 거중기의 발명으로 성의 건축 속도가 획기적으로 빨라졌습니다. 거중기의 발명 역시 공사에 동원된 백성들의 고충을 생각하는 애틋한 마음으로 만들어진 것이기에 정약용의 백성들에 대한 사랑은 정조의 신뢰와 총애로 이어졌습니다.

정약용은 여러 가지 업적을 남겼으나 정약용이 암행어사로 있을 때 관직에서 쫓겨난 적이 있던 서용보에 의해 천주교인임이 밝혀지면서 귀양을 가게 됩니다. 18년간의 강진에서의 귀양생활을 통해 많은 서적을 편찬하게 되는데 『경세유표』와 『목민심서』 같은 주옥같은 저서들이 모두 이때 집필되었습니다.

그는 귀양에서 풀려난 후에도 백성들을 위한 저술 활동을 멈추지 않았고, 1836년 숨을 거둘 때까지 찬란한 실학 저서들을 완성합니다. 저서 『목민심서』에는 관직에 올라 있는 이들을 겨냥한 의미심장한 말이 남아 있습니다.

"목민이란 목동이 양을 돌보듯 백성을 다스린다는 말이고, 심서는 목민관 되는 자가 마음을 닦아 덕을 쌓아야 한다는 의미라네"라는 문장이 바로 그것인데요. 이는 관리로서의 그의 마음가짐을 잘 보여주는 구절입니다.

### 교과서 돋보기

유네스코가 인정한 세계문화유산인 수원화성에 대해 알고 있나요? 수원화성은 기존의 성들과 그 모양새가 매우 다릅니다. 시내 한가운데 위치해 있는 탓에 성곽의 높이가 상당히 높고 다양한 방어진들이 구축되어 있지요. 이처럼 평산성 형태로 성을 건축하면 군사적인 목적 외에도 상업적인 목적까지 함께 겸할 수 있기에 그 쓰임새가 다양하며 실용적인 성격을 띠게 됩니다.

또한 수원화성은 중국과 서양의 성들이 가진 장점을 잘 융화시킨 건축물이기도 합니다. 성을 높이 쌓음으로써 방어를 철통같이 할 수 있었을 뿐만 아니라 우리나라의 전통미까지도 잘 살려냈지요.

수원화성의 건축 양식을 찬찬히 살펴보면 이곳이 왜 세계문화유산으로 지정받았는지에 대해 실감하게 됩니다. 그러면 몇 가지 내용을 통해 수원화성의 대표적인 건축물들을 짚어볼까요?

### 팔달문

보물 제402호로 지정된 팔달문은 화성의 남문이며 '사방팔방 길이 열린다'는 의미를 가지고 있습니다. 석축으로 된 무지개문 2층에 문루가 세워져 있고, 벽돌로 쌓은 반원형 옹성이 문을 둘러싸고 있는 매우 독특한 구조입니다.

수원화성의 4대문은 팔달문, 장안문, 화서문, 창룡문인데 이 중 북문인 장안문과 남문인 팔달문은 특히 화려하게 꾸며져 있으며, 무지개문의 크기는 왕이 행차를 할 때 가마가 드나들 수 있을 정도로 넓습니다. 평지에 쌓은 성의 웅장한 높이와 화려함을 동시에 느낄 수 있는 건축물입니다.

**봉돈**

봉돈은 비상사태를 알리는 시설인데요. 수원화성엔 모두 다섯 개의 화구가 있습니다. 통신시설인 동시에 방어 역할을 했고, 양옆으로 벽돌을 쌓아올려 총을 쏘는 방어시설도 갖추어져 있습니다.

**화홍문**

비가 올 때는 다섯 개의 수문에서 물이 흘러내려 아름다운 경관을 연출하는 곳입니다. 화홍문은 제가 수원화성에서 가장 사랑하는 곳이기도 한데요. 경관만 아름다운 것이 아니라 다양한 기능까지 갖추고 있는, 수원화성 최고의 건축물입니다.

## 숨어있는 이야기를 찾아라!

### Q. 성곽을 왜 쌓게 되었나요?

우리나라는 성곽이 참 많습니다. 성곽이라고 하는 것은 본래 내성을 뜻하는 성(城)과 외성을 뜻하는 곽(郭)이 합해진 말입니다. 삼국시대부터 '전쟁의 역사'라 해도 과언이 아닐 만큼 우리나라에는 전쟁이 많이 일어났습니다. 전쟁에 승리하기 위해서는 신무기를 개발하고 군대 체제를 정비하는 것만큼이나 성곽의 신속한 축조와 방어시설 구축 역시 매우 중요한 것이었기에 전국 방방곳곳에는 삼한시대 이후에 축조된 성들이 무척 많습니다.

삼국시대 초기에는 구릉지대에 목책이나 흙을 사용한 토성을 많이 쌓았습니다.

삼국시대 초기의 토성인 몽촌토성

경주의 월성은 절벽지형인 자연지형을 이용하여 흙과 돌로 쌓은 성이며, 대구의 달성은 낮은 구릉을 이용하여 흙으로 쌓은 성입니다. 서울에도 3세기경에 지어져 초기 성곽의 형태를 보여주는 성이 하나 있는데, 바로 몽촌토성입니다.

사진에 나와 있는 몽촌토성의 목책은 복원된 것이며, 마치 언덕처럼 보이는 왼쪽의 토성은 지금보다 훨씬 높았던 것으로 추측됩니다. 태풍이 불면 무너질 토성을 왜 쌓는지 모르겠다는 사람들도 있는데, 그것은 토성의 진가를 모르고 하는 말입니다. 판축기법이 동원된 토성은 석성보다 오히려 더 단단했습니다.

판축기법은 나무기둥에 목판을 대고 흙을 쌓은 후에 한층 다지고 그 위에 다시 자갈을 섞지 않은 고운 흙을 깔고 다지는 기법입니다. 이렇게 쌓은 토성은 석성보다 견고해서 쉽게 무너지지 않습니다. 석성으로 유명한 공주의 공산성 역시 백제시대에는 흙을 쌓아 만든 토성이었는데요. 이를 조선시대에 와서 석성으로 복원한 것입니다.

## Q. 성곽에는 어떤 종류가 있나요?

성곽은 누가 거주하느냐에 따라 분류하는 방법과 지형에 따라 분류하는 방법으로 나뉩니다. 우선 왕이 사는 곳을 도성, 군·현·주민이 사는 곳을 읍성이라고 부르는데요.

우리나라의 읍성은 얼마 되지 않는데다가 대부분 군사적인 요충지에 세워지는 경우가 많았습니다. 예를 들면 고창, 낙안, 해미 지역의 읍성들은 임진왜란 시에 왜구가 쳐들어오기 쉬운 평지였기에, 군사적인 필요에 의해 읍성이 세워진 곳입니다.

그중에서도 낙안읍성은 내부에 민속마을이 잘 보존되어 있어 읍성의 전형적인 형태에 대한 연구뿐 아니라 전통적인 생활방식을 연구하는 측면에서도 그 가치가 높습니다.

그리고 지형에 따라 성곽을 분류하면 평지에 성을 축조한 평지성과, 산에 성을 쌓

낙안읍성의 남문 누각

은 산성, 산과 평지에 걸쳐 쌓은 성인 평산성으로 분류할 수 있는데요. 평지성으로는 낙안읍성과 해미읍성, 산성으로는 북한산성과 금정산성이 잘 알려져 있고, 평산성으로는 수원화성이 대표적입니다.

## Q. 성곽 안팎에는 어떤 시설물들이 있나요?

성곽에는 적의 공격을 막아내기 위한 다양한 시설이 있습니다. 예를 들면 여장이나 해자, 성문 같은 것들이 있습니다. 그중 여장은 수원화성에 있는 성벽의 낮은 담을 이르는데, 이는 적군으로부터 몸을 숨기고 뚫린 구멍으로는 화살이나 총을 쏘았던 시설입니다.

그리고 해자는 적군이 성으로 진격하기 전에 적군의 진입을 한 단계 더 방해하는 요소인데, 주로 물이나 둔덕이 해자의 역할을 합니다. 성곽에 해자를 만들 때에는 바다와 하천을 그대로 사용하는 자연적인 방법과 인공적으로 연못을 파서 물을 채우는 인위적인 방법 두 가지가 있습니다. 서울 풍납토성의 해자는 자연 그대로를 이용한 한강입니다.

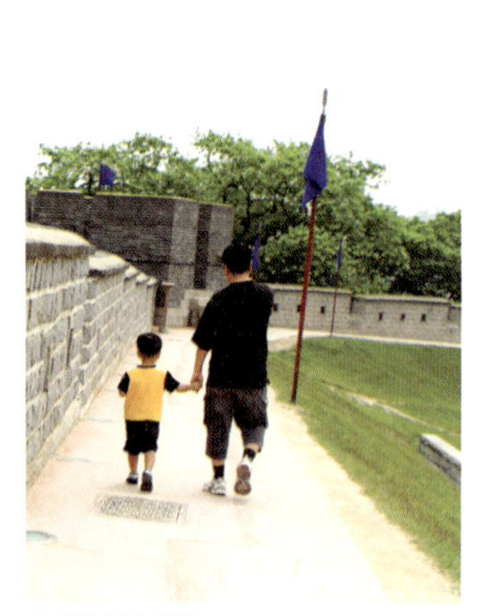

수원화성의 여장

성문은 말 그대로 성의 안과 밖을 연결하는 통로를 이르며, 주로 공격과 방어를 하기에 적당한 위치에 설치합니다. 이때 성문 위에는 누각을 지어 적의 움직임을 포착하기도 했습니다. 이외에도 비밀 통로인 암문, 수원화성에만 설치되어 있는 일종의 누대인 공심돈과 같은 시설물들이 있습니다.

가까운 남한산성, 수원화성 등 서울의 성곽을 아이들과 탐방했을 때 만나게 되는 시설물들이 이제 낯설지 않을 텐데요. 이처럼 성곽 여행은 운동도 되면서 우리 역사에 대해 공부할 수 있는 좋은 계기가 됩니다.

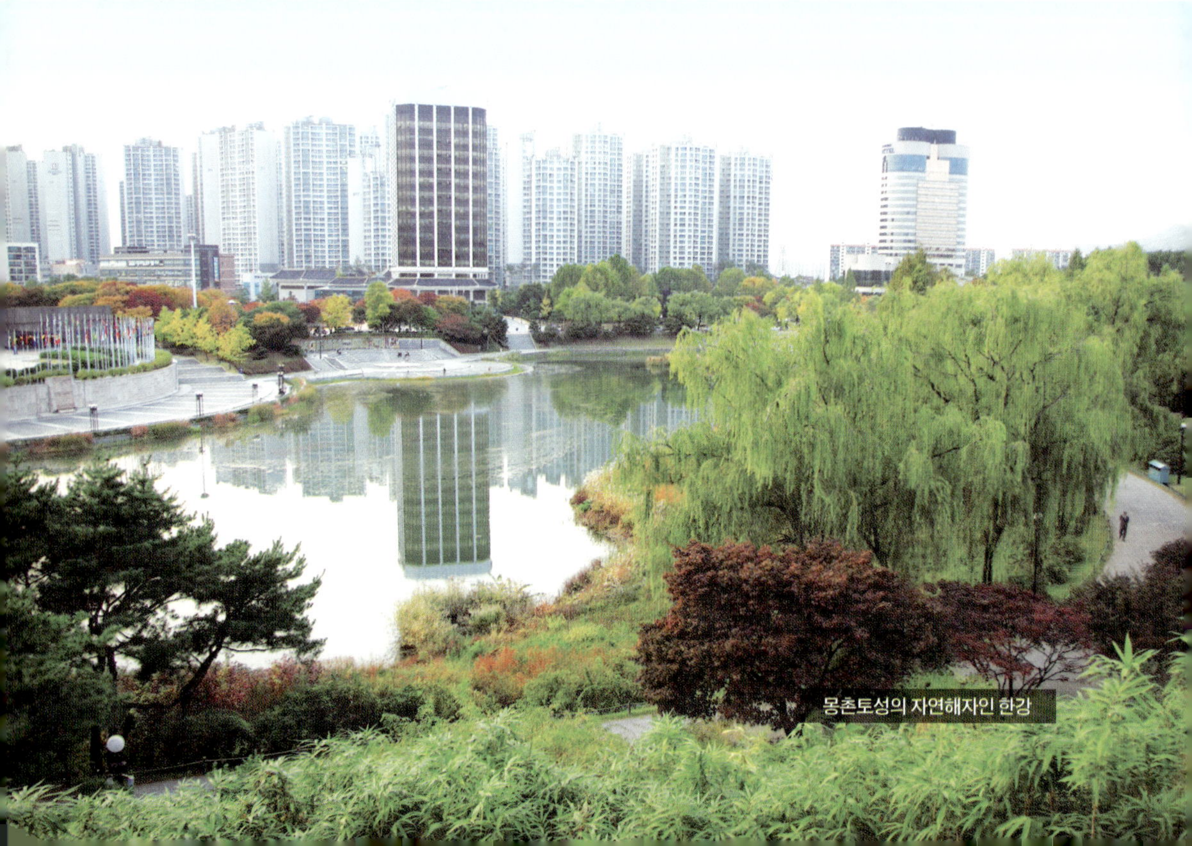

몽촌토성의 자연해자인 한강

 **서울에 세워진 성곽과 성문에는 어떤 것들이 있나요?**

지금의 서울은 조선의 도읍이었기에 다양한 지역에서 성곽의 흔적을 찾아볼 수 있습니다. 그럼 지금부터 서울의 성곽이 만들어진 과정을 한번 살펴볼까요?

조선의 태조가 한양으로 수도를 옮기기 위하여 궁궐과 종묘를 지은 후, 태조 4년인 1396년에 한양의 사방을 잇는 성곽을 쌓았습니다. 이 성곽 중에는 석성과 토성이 섞여 있었고요. 이를 잇는 대문과 소문을 4대문과 4소문이라 불렀지요. 이 중 4대문이란 동쪽의 흥인지문, 서쪽의 돈의문, 남쪽의 숭례문, 북쪽의 숙정문을 이르며 4소문은 동북의 혜화문, 동남의 광희문, 서북의 창의문, 서남의 소덕문을 이릅니다.

이렇게 서울 도읍을 둘러싸고 있었던 성곽을 지금은 '서울성곽'이라고 부르는데요. 현재까지 남아있는 성곽과 성벽은 삼청동과 장충동 일대의 성벽 일부와 몇몇 성문뿐입니다. 서울성곽은 조선시대 성 축조 기술의 변화 과정을 살펴볼 수 있는 좋은 자료이자 귀중한 문화유산입니다.

공산성의 서쪽 성문인 금서루

## 역사를 따라 걷는 길  수원화성 트레킹

화성을 아이들 걸음으로 걸어서 트레킹하기란 쉽지 않습니다. 성벽을 따라 걸으며 각종 방어시설들을 살피다 보면 반 바퀴 도는 데 반나절이나 소요됩니다.

성곽은 트레킹을 통하여 주위를 돌아보아야만 그 느낌을 가슴에 새길 수 있으므로 성곽을 돌아보되 반반씩 두 번 정도 방문한다 생각하고 여유 있게 돌아보는 것이 좋습니다. 무리하게 되면 이곳에서 꼭 짚고 가야 할 문화재들도 아이들의 눈에 들어오지 않을 테니까요.

**수원화성 트레킹**

## 임금의 가마를 본떠 만든  화성열차

아이들은 무엇이든 탈거리를 체험해보는 것을 좋아합니다. 시골에 가면 경운기를 타보고 싶어 하고 놀이 공원에 가면 범퍼카를 타보고 싶어 하지요. 수원화성에 가면 화성열차가 있습니다.

운행구간은 팔달산(성신사)-화서문-장안공원-장안문-화홍문-연무대(3.2km)로 편도 30분 정도가 소요됩니다. 매표소는 두 군데로 팔달산과 연무대에 위치해 있습니다. 수원 시내를 통과해서 화성의 전체적인 겉모습을 한 바퀴 둘러볼 수 있기 때문에 트레킹과는 또 다른 재미가 있습니다. 참, 화성열차는 눈과 비가 오는 날에는 운행하지 않으니 참고하시기 바랍니다.

화성열차는 인기가 좋아서 주말에는 표가 금방 소진되므로 수원화성에 도착하자마자 연무대 주차장에 차를 주차하고 화성열차 표부터 예매하는 게 좋습니다.

## 엄마 아빠와 함께하는 전통 활쏘기  국궁체험

국궁은 우리의 전통 활쏘기체험입니다. 어렵고 힘이 많이 들기 때문에 초등학생 이후의 나이대만 체험이
가능하며 열 발에 2,000원 정도이므로 온 가족이 모두 한 번씩은 도전해볼 수 있습니다. 일단 연무대 앞
에서 화성열차 표를 예매한 후 시간이 남으면 연무대 앞에 있는 국궁체험장에서 활쏘기를 해보세요.
수원화성에는 그밖에도 다양한 공연과 체험이 준비되어 있습니다. 무예 24기 관람과 정조대왕 능행차 연
시체험이 바로 그것인데요. 참여 방법과 비용은 홈페이지를 참조하시기 바랍니다.

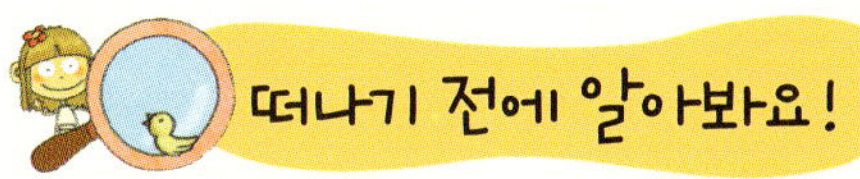


### 수원화성 관람안내

| 구 분 | | 개인 | 단체<br>(30인 이상) |
|---|---|---|---|
| 수원화성<br>관람료 | 어른 | 1,000 | 700 |
| | 청소년<br>군인 | 700 | 500 |
| | 어린이 | 500 | 300 |

### 화성열차 요금안내

| 구 분 | | 개인 | 단체<br>(30인 이상) | 경로우대<br>(65세 이상) |
|---|---|---|---|---|
| 화성열차<br>요금표 | 어른 | 1,500 | 1,200 | 750 |
| | 청소년 | 1,100 | 850 | – |
| | 어린이 | 700 | 550 | – |

• 화성열차 매표 및 예약은 팔달산(031-228-4683)과 연무대(031-228-4686)에서 가능하며
  눈이나 비가 오면 화성열차를 운행하지 않습니다.

# 한민족의 얼을 느낄 수 있는 한국민속촌

## 추천 코스 (당일)

**저학년 출발** ▶ 내삼문 ▶ 대장간 ▶ 한약방 ▶ 관아 ▶ 공연장 ▶ 99칸 양반가 ▶ 도깨비집 ▶ 민속장터 ▶ 물레방아 ▶ 제주 민가 ▶ 울릉도 민가 ▶ 그네터 ▶ 놀이공원

**고학년 출발** ▶ 내삼문 ▶ 대장간 ▶ 도자기 공방 ▶ 남부지방 대가 ▶ 중부지방 농가 ▶ 관아 ▶ 공연장 ▶ 99칸 양반가 ▶ 민속장터 ▶ 민속관 ▶ 박물관 ▶ 제주 민가 ▶ 울릉도 민가 ▶ 그네터 ▶ 나룻배 체험 ▶ 세계민속관 ▶ 놀이공원

인류는 환경의 변화에 대처하기 위한 삶의 방식을 꾸준히 발전시켜 왔습니다. 그 과정에서 지속적으로 이어온 관습과 이로 인해 형성된 문화를 우리는 '민속'이라고 부릅니다.

민속을 알면 우리 조상들의 삶의 발자취를 알 수 있고 그들의 지혜롭고 아름다웠던 삶을 더 깊이 이해할 수 있습니다. 그 이해는 곧 내 나라 내 핏줄에 대한 자긍심으로 이어집니다.

존경받는 리더들에게는 내가 태어난 나라의 문화를 존중하고 사랑하는 마음가짐이 깃들어 있습니다. 우리 아이들에게 이러한 문화적 자긍심과 민속에 대한 폭넓은 지식을 가르치기 위해 한국민속촌을 방문할 것을 적극 추천합니다.

한국 민속촌의 아름다운 봄 풍경

# 한국민속촌 

**주소** 경기 용인시 기흥구 보라동 107 | ☎ 031-288-0000 | http://www.koreanfolk.co.kr

한국민속촌에서는 매일 다채로운 공연들이 열립니다. 그중에서도 농악 공연은 실제 뛰어난 예술가들이 행하는 공연으로, 아름다운 음악과 대형 외에도 신세대들과 외국인들이 공감할 수 있는 멋진 동작까지 선보이고 있습니다.

농악은 굿이나 마을 제사, 풍년에 대한 감사를 위해 행했던 음악으로, 풍물이나 두레라고도 불리었습니다. 이는 모내기나 김매기와 같은 힘든 일을 할 때 흥을 돋우고 작업능률을 높이기 위하여 많이 행해졌고, 명절 때처럼 즐거운 날에도 어김없이 농악이 울려 퍼졌답니다.

줄타기는 줄광대가 줄 주위를 걸어 다니면서 여러 가지 묘기를 보여주는 전통놀이입니다. 1,300여 년 전 중앙아시아와 중국을 통해 우리나라에 들어왔지만, 우리나라 줄타기는 줄 위에서 재주를 부린다는 점에서 다른 나라의 줄타기와 차이가 있습니다.

아슬아슬한 줄타기와 한민족의 기상을 보여주는 마상무예

줄타기가 한참 공연되었던 조선 후기에는 재주꾼이 입담을 늘어놓으며 줄타기 공연을 했는데, 그 내용은 서민들의 삶의 애환을 녹여낸 것이었습니다. 줄타기 공연은 보는 내내 아슬아슬한 스릴을 느낄 수 있어 아이들이 특히 흥미를 보입니다.

그밖에도 한국민속촌에는 다양한 볼거리가 있는데요. 부지가 넓고 볼거리가 많아 하루에 다 경험하기는 어렵습니다. 그러니 학년별 필수코스를 선정한 후 이동 경로를 정리하여 깊이 있게 살펴볼 것을 권합니다.

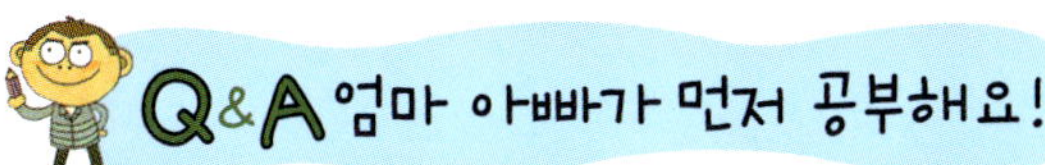


남부지방의 대갓집에서부터 99칸 양반가옥과 지방관이 근무하던 동헌에 이르기까지, 한옥에는 우리가 모르는 조상들의 지혜가 깃들어 있습니다. 몇 가지 질문을 통해서 한옥이 주는 이로움에 대하여 알아보도록 합니다.

### Q. 한옥은 왜 기단을 높게 해서 지었을까요?

한옥은 기단을 높여서 지었습니다. 땅 가까이에 집을 지으면 흙 속의 습기가 올라와서 방바닥이 눅눅해지기 때문입니다. 한옥은 이를 막기 위해서 기단이라 부르는 댓돌을 여러 겹 쌓아 그 위에 집을 지었습니다. 습기를 막지 않으면 습기가 인간의 몸에 침투되어 뼈가 쑤시고 아픈 습병의 원인이 되기도 했습니다.

### Q. 한옥의 처마는 어떤 역할을 했나요?

한옥의 처마는 외국인들이 우리나라를 방문했을 때 감탄하는 아름다운 건축 양식이기도 합니다. 길게 뻗어 있는 처마 가장자리는 마치 한복의 소맷부리처럼 날렵하고 아름다워 감탄을 자아내기에 충분하지요. 그러나 우리가 아름답다고만 생각했던 한옥의 처마에도 과학적인 원리가 숨어 있습니다. 여름에는 그늘이 지게 해서 더위를 피하게 하는 차양 역할을 했고, 겨울에는 따뜻한 공기가 쉽게 밖으로 나가지 못하게 하는 역할을 한 것이지요.

## Q. 한옥은 우리 몸에 어떤 이로움을 줄까요?

한옥은 우리 자연에서 쉽게 얻을 수 있는 재료인 흙과 돌과 나무 등을 이용하여 만든 집입니다. 요즘 아이들은 아토피 같은 피부병에 많이 시달리고 있는데, 이렇듯 천연에서 나오는 재료로 만든 한옥에서 살게 되면 그런 병이 치유되는 효과를 얻을 수 있습니다.

방바닥과 벽에도 역시 황토를 발라 그야말로 웰빙이 따로 없었습니다. 자연에서 얻어지는 재료만을 써서 자연과 잘 어울리는 건축의 아름다움을 선보인 조상들의 지혜가 놀라울 따름입니다.

우리나라는 4계절이 뚜렷한 온대기후지만 지역마다 기후의 차이가 뚜렷합니다. 이 기후의 차이에 따라 집의 모양이 지역별로 다르게 발전했는데, 민속촌에 가면 지방에 따른 주거 양식의 차이를 뚜렷하게 관찰할 수 있습니다.

### 북부지방의 가옥 구조

춥고 눈이 많이 내리는 북부지방은 건물들이 마당을 빙 둘러싸는 형태가 많았습니다. 남부지방처럼 일자형으로 뻥 뚫리도록 지으면 바람이 그대로 몰아닥치기 때문이죠. 그래서 한글로 치면 ㅁ자 형태를 띠도록 집을 지었습니다. 또한 북부지방의 집들은 마루가 없는 집들이 많았습니다. 한

사방이 막혀 아늑한 북부지방 가옥

옥의 마루는 난방이 안 되었기 때문에 마루 대신 방들을 다닥다닥 붙도록 설계하여 온기가 밖으로 빠져나가는 것을 막은 것이죠.

북부지방 가옥의 가장 큰 특징은 '정주간'이 있다는 겁니다. 정주간이란 방과 부엌 사이에 있는 공간으로, 이들 사이에 벽을 두지 않고 바로 방바닥으로 꾸민 공간을 말합니다. 한파가 몰아닥치는 추운 날 온기가 따스하게 감도는 정주간에 앉아 음식을 준비한다면 추위에 떨지 않아도 되니 너무 좋았겠죠?

### 중부지방의 가옥 구조

중부지방의 가옥은 주로 ㄴ자 형태를 띠고 있으며 남부지방에 비해 대청마루의 크기가 작고 창문의 수가 더 적습니다. 이는 북부와 남부의 환경이 복합되어 있기 때문이지요. 그러나 같은 중부지방이라 하더라도 지역별 환경에 적합한 독특한 가옥 양식이 발전했습니다.

### 남부지방의 가옥 구조

남부지방의 가옥은 습기가 많고 무더운 기후에 대비한 형태로 발달했습니다. 그래

**취사용 아궁이가 마당에 있는 남부지방의 서민가옥 (一형)**

서 남부지방의 가옥들은 일자형이며 마당에서 불어오는 바람을 시원하게 맞을 수 있습니다.

또한 방과 방 사이에 대청마루를 두고 앞뒤로 창을 내어 바람이 잘 통하도록 했고, 창문과 방문을 많이 달아 공기가 잘 통하게 했습니다. 남부지방의 가옥 중에는 아궁이 하나가 마당에 나와 있는 모습을 볼 수 있는데요. 건물 없이 아궁이만 있는 이유는 더운 여름에 밥을 하기 위해 불을 때면 방 안의 온도도 함께 올라가게 되기 때문입니다. 즉 아궁이를 밖으로 빼서 취사를 할 때에도 더위를 피할 수 있게 만든 것이죠.

## 특별한 가옥 구조

나무를 쉽게 구할 수 있는 특징 때문에 독특한 지붕이 발달된 강원도의 너와집, 눈이 많이 내려 집안으로 들이치는 것을 막기 위해 우데기를 두르게 된 울릉도의 투막집이 바로 기후와 환경에 따라 독특하게 발전한 가옥 구조의 예입니다.

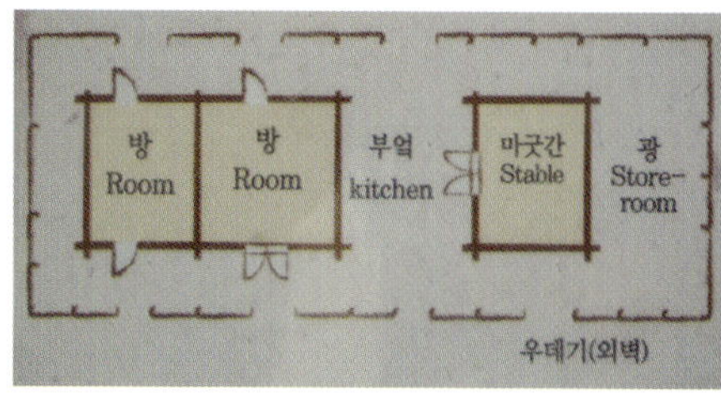

**모두 하나의 통로로 연결된 투막집의 구조**

특히 울릉도는 우리나라에서 가장 눈이 많이 내리는 지역이어서 그에 걸맞은 주거 양식이 필요했을 겁니다. 폭설이 자주 내리는 울릉도의 기후 때문에 주민들은 눈이 오면 집안에서만 생활해야 했습니다. 그래서 흙을 바른 외벽에 억새와 짚을 엮은 우데기를 둘러쳐서 눈보라가 집안으로 들어오는 것을 막았던 것입니다. 우데기의 외벽과 내벽 사이에는 봉당이라는 공간이 있어서 눈이 많이 오는 겨울철에도 최소한의 생활공간을 확보할 수 있었고, 모든 공간은 통으로 연결되어 눈이 오더라도 집안에서는 외부로 나가지 않고도 이동이 가능했습니다.

강한 바람에 대비한 제주도의 전통가옥

그리고 앞서 얘기한 울릉도의 투막집처럼 제주도 역시 바람과 비가 잦은 기후에 대비한 가옥이 발달했습니다. 돌과 억새가 많았던 환경 때문에 외벽은 돌로 쌓았고 지붕에는 거센 바람에도 지붕이 날아가지 않도록 억새를 꼬아 지붕을 단단히 덮었지요.

이처럼 민속촌에서는 지역별 가옥 구조를 꼼꼼하게 살펴볼 수 있으니 그야말로 살아있는 교과서를 그대로 옮겨놓은 곳이라 할 수 있습니다.

한국민속촌은 다양한 볼거리만큼이나 즐길거리도 풍부합니다. 따라서 어떤 체험을 할 수 있는지를 미리 알아본 후 아이와 함께 상의하여 동선을 정하는 것이 좋습니다. 그러면 즐거움이 두 배가 될 테니까요. 민속촌에서 놓칠 수 없는 재미있는 몇 가지 코스를 소개합니다.

### 추억을 되살리는 나룻배 타기

서원 근처에 가면 옛 나루터가 있습니다. 사공 할아버지가 저어주는 노를 배경 삼아 아름다운 물길을 유람하다 보면 과거로 돌아간 것 같은 착각이 들 수도 있습니다.

오래전에 강원도 정선에서 나무를 해서 한강 물길을 따라 한양으로 팔러가던 상인들이 타고 다니던 뗏목배도 재현해놓고 있어 이야깃거리와 볼거리도 충분합니다. 이 상인들이 한양에서 나무를 팔아 벌어들인 돈으로 고향으로 바로 돌아가지 않고 이곳저곳 유람하며 재산을 탕진하는 동안 나무 팔러 떠난 남편을 하염없이 기다리며 부인들이 불렀다는 '정선아리랑'은 지금도 강원도 정선 지역에서 많이 불리고 있습니다.

### 어린아이들을 위한 놀이공원

세계민속관 근처에는 놀이공원도 마련되어 있습니다. 한꺼번에 모두 즐기기에는 하루라는 시간이 부족하니 민속촌을 제대로 즐기려면 민속관, 놀이공원과 전통공연, 전통가옥으로 나누어 세 번에 걸쳐 방문하는 것이 체력적으로나 재미로나 더 좋은 선택이 될 수 있습니다. 한국민속촌의 놀이기구들은 어린 연령대의 아이들이 즐길 만한 난이도가 쉬운 놀이기구들이 많아 좋습니다. 저는 꽃피는 봄이 오면 북적거리는 놀이공원보다 민속촌의 소박한 놀이공원이 먼저 생각납니다.

### 하늘로 날아갈 듯 아찔한 그네뛰기

나루터에서 배를 타고 올라오면 각종 민속놀이를 즐길 수 있는 재료들이 마련되어 있습니다. 민속놀이는 지방관이 근무하던 관아 앞에서도 할 수 있는데 그네뛰기, 윷놀이, 투호놀이, 널뛰기, 굴렁쇠 굴리기 등 즐길거리가 다양합니다.

## 동헌에서 즐기는 전통의상체험

어른 아이 할 것 없이 고을 원님과 포졸이 되어 보며 즐거운 관아체험을 할 수 있는 장소가 바로 한국민속촌의 동헌입니다. 의상 대여료는 무료이고, 입어보고 사진 찍기도 하면서 즐거운 한때를 보낼 수 있습니다.

## 겨울철의 백미 얼음썰매와 팽이치기

겨울철에 민속촌만큼 민속놀이를 재미있게 즐길 수 있는 공간이 또 있을까요? 놀이공원에서는 신나는 눈썰매를 즐길 수 있고(자유이용권 구매시 이용 가능), 나룻배가 오가던 물길에서는 꽁꽁 얼어붙은 얼음 위로 아이들이 신나게 얼음썰매와 팽이치기를 즐길 수 있습니다. 코끝이 얼어붙는 줄도 모르고 신나게 겨울 한나절을 보낼 수 있는 곳입니다.

## 아이들이 가장 좋아하는 승마체험

마상무예를 공연하는 장소에서 공연이 없는 시간에는 유료로 승마체험을 할 수 있습니다. 유아의 경우 전문가가 동승하기 때문에 안전하게 체험할 수 있으며, 아이들이 민속촌에서 가장 즐거워하는 체험 중 하나입니다.

## 떠나기 전에 알아봐요!

### 한국민속촌 관람안내

| 요금 | | 입장권 | 민속관 패키지 | 자유 이용권 | 비고 |
|---|---|---|---|---|---|
| 성인 | 개인 | 12,000 | 15,000 | 18,000 | |
| | 단체 | 10,000 | 13,000 | 16,000 | |
| 청소년 | 개인 | 9,000 | 12,000 | 15,000 | 신용카드별 할인 내역은 홈페이지 참조 |
| | 단체 | 8,000 | 11,000 | 14,000 | |
| 아동 | 개인 | 8,000 | 11,000 | 14,000 | |
| | 단체 | 7,000 | 10,000 | 13,000 | |

# 조선왕조 500년의 역사를 거닐다
# 경복궁

## 추천 코스 (당일)

**출발** ▶ 광화문과 궁궐 담장 ▶ 흥례문 ▶ 금천과 영제교 ▶ 근정문 ▶ 근정전 ▶ 동궁 일원 ▶ 사정전 일원 ▶ 강녕전과 교태전 ▶ 아미산 ▶ 홍경각과 함원전 ▶ 자경전 ▶ 함화당과 집경당 ▶ 향원정과 건청궁 ▶ 집옥재 ▶ 태원전 ▶ 경회루 ▶ 수정전과 궐내각사

경복궁을 처음 만든 사람은 조선을 건국한 태조 이성계입니다. 태조 이성계는 아끼던 개국공신 정도전에게 왕실과 온 백성의 복을 염원하는 '경복궁'이라는 이름을 받아 조선의 첫 궁궐을 열었습니다.

경복궁은 조선에서 가장 크고 웅장한 법궁이었지만 크고 작은 화재로 하루도 편할 날이 없었습니다. 임진왜란 때는 완전히 불에 타 폐허로 변했고, 그 뒤로 270년 동안 재건되지 못하다가 1865년 고종의 아버지인 흥선대원군에 의해서 재건되었습니다. 현재 남아있는 경복궁은 바로 이때 재건된 모습입니다.

이처럼 조선왕조의 굴곡진 역사를 고이 담고 있는 경복궁은 사적 제117호로 지정된 우리의 소중한 문화유산이자, 역사적으로도 많은 이야기들을 담고 있는 곳이어서 어른들이나 아이들 모두에게 특별한 의미를 남깁니다.

조선왕조의 역사를 품고 있는 경복궁

# 경복궁 조선왕조 500년사를 기억하다

**주소** 서울 종로구 사직로 22 | ☎ 02-3700-3900 | http://www.royalpalace.go.kr

**경복궁의 수문장 교대의식**

고종은 재건된 경복궁에서 왕권을 강화하고 위엄을 바로잡으려 했습니다. 그러나 일제에 의해 경복궁에서 명성황후 시해 사건이 일어나면서 고종 역시 러시아 공사관으로 피신하게 되었고, 이후 경운궁으로 환궁하면서 경복궁은 다시 빈 궁궐이 되고 말았습니다. 일제는 통치기간 내내 궁을 능멸하는 의미로 유교국가인 조선의 궁궐에 전국 사찰에서 수탈해 온 불상들을 전시하였고, 내부 건물들을 다수 파괴하는 만행을 저질렀습니다. 그러나 경복궁 자리에서 우리의 기와 혈을 빼앗던 조선총독부 건물이 1996년 완전히 철거되면서 찬란했던 우리 궁궐의 역사가 다시 쓰이고 있습니다.

경복궁 바로 옆에는 국립민속박물관도 있고 고궁박물관도 있지만 당일 코스 나들이라면 오로지 경복궁 한곳만 방문할 것을 권합니다. 궁궐 안에 숨겨진 이야기들을 하나하나 끄집어내기로 하면 반나절을 돌아도 시간이 모자랍니다. 또 하나, 한꺼번에 너무 많은 것을 알려고 하기보다는 한 장소에 오래 머물며 찬찬히 돌아보는 공부를 했으면 합니다. 그래야만 깊이 있고 잊어버리지 않는 학습을 할 수 있습니다.

## 한양은 어떻게 도읍지가 되었나요?

고려 말 우리나라는 북으로는 홍건적이, 남으로는 왜구가 쳐들어와 백성들을 괴롭히고, 지방 호족세력들이 들끓어 하루도 잠잠한 날이 없었습니다. 백성들은 안팎으로 괴롭힘을 당해 그야말로 힘든 생활을 이어가야 했지요. 바로 그때 홍건적과 왜구를 물리치며 백성들의 고충을 크게 덜어주었던 장군이 바로 조선을 건국한 이성계입니다.

고려 말 신하들은 요동을 정벌하자는 주장을 제기하는 파들이 많았습니다. '황금 보기를 돌같이 하라'는 말을 남긴 최영 장군도 요동 정벌에 찬성하는 입장이었습니다. 이성계는 반대파 중 한 명이었는데 왕명을 받아 어쩔 수 없이 요동을 정벌하기 위하여 군사를 이끌고 떠나게 됩니다. 그러나 위화도에 이르러서 회군하여 돌아오게 되지요. 회군의 이유는 작은 나라가 큰 나라를 거스르는 것은 옳지 않고, 여름철에 군사를 동원하는 것은 부적당하며, 요동을 공격하는 틈을 타 왜구가 쳐들어올 수 있고, 무덥고 비가 많이 와 활에 붙이는 아교가 녹아 무기로 사용이 불가능하며, 병사들의 전염병이 우려된다는 이유였습니다. 이성계의 위화도 회군으로 위기를 느낀 요동정벌 찬성파들이 명을 어기고 공격에 나섰지만 모두 숙청되었고, 이성계는 이를 바탕으로 조선을 건국하는 토대를 마련하였습니다.

새로운 나라를 건국한 이성계는 도읍 역시 새로운 지역을 택하였는데 그곳이 바로 지금의 서울인 한양입니다. 한양은 어떤 연유로 조선의 도읍지가 되었을까요? 풍수지리학적인 면에서뿐만 아니라 한양은 여러모로 백성들이 생활하기에, 또 군사적인 측면에서 아주 훌륭한 입지조건을 가지고 있었습니다. 일단 사방이 산으로 둘러싸여 있어 방어와 공격에 유리했고, 한반도의 정중앙에 위치해 있어 교통이 편리했습니다. 가운데에 한강이 흐르고 있어 농사를 짓거나 물자를 이동시키는 데도 유리했지요.

이성계는 한양에 조선 최초의 궁궐인 경복궁을 세웠고, 고조선을 계승한다는 의미에서 국호를 '조선'이라 하였습니다.

## 경복궁은 어떻게 구성되어 있나요?

우리는 경복궁, 창덕궁, 경운궁, 경희궁 같은 건축물을 궁궐이라고 부릅니다. 서양의 동화 속에 나오는 궁전과 궁궐은 어떻게 다를까요?

궁전이란 궁 안에 있는 전각이나 왕이 사용하는 사적인 혹은 공적인 건물로 경복궁의 근정전이나 사정전과 같은 건물을 가리킵니다. 그리고 궁궐은 궁을 둘러싸고 있는 담장까지 모두 포함하여 부르는 것입니다. 그래서 우리는 경복궁을 궁궐이라고 부릅니다.

경복궁으로 들어가는 최초의 문은 광화문으로, 이를 흔히 경복궁의 정문이라고 부릅니다. 광화문의 입구는 모두 세 개입니다. 가운데 문은 왕과 왕비가 드나들던 문이고, 오른쪽의 동문은 문신이, 왼쪽의 서문은 무신이 드나드는 문이었지요.

경복궁의 구조는 광화문-흥례문-근정문-근정전-사정전-강녕전-교태전이 일직선으로 주욱 늘어서 있습니다. 경복궁의 정문인 광화문을 지나면 흥례문과 마주하게 됩니다. 그런데 흥례문도 문이 세 개입니다. 역시 가운데는 왕과 왕비가, 오른쪽은 문신이, 왼쪽은 무신이 드나들던 문이었죠.

## 수문장 교대의식 경복궁의 화려한 볼거리

오전 10시에서 오후 3시까지 매시 정각에 경복궁의 수문장을 교대하는 의식이 펼쳐집니다. 외국인은 물론이고 내국인에게도 상당한 인기가 있습니다. 경복궁의 위엄을 잘 재현해낸 웅장하고 근엄한 수문장 교대의식은 규모 면에서도 화려한 볼거리를 제공합니다.

수문장 교대의식을 본 후 흥례문을 지나면 금천과 영제교를 볼 수 있습니다. 금천은 지금은 물이 말랐지만 원래는 명당에서 샘솟는다는 물이 흘렀다고 합니다. 자세히 보면 금천을 굽어보는 동물들이 조각되어 있는데요. 이 동물들은 경복궁이 신성한 곳임을 알리며 잡귀를 내쫓는 역할을 하였습니다.

경복궁의 화려한 수문장 교대의식

## 근정전 문무백관들이 한자리에 모이던 곳

금천 위를 가로지르는 영제교를 지나면 근정문이 나옵니다. 근정문에는 좌우에 문무백관들이 드나들던 문이 별도로 마련되어 있는데요. 이 중 문관은 동쪽의 일화문을, 무관은 서쪽의 월화문을 이용했다고 합니다.

근정문을 지나면 드디어 왕과 신하들이 조회를 하고 각종 국가행사를 치르던 근정전이 나옵니다. 경복궁 관람의 백미라고 할 수 있는 곳입니다. 그런데 자세히 보면 근정전에 이르는 길이 세 개로 나뉘어져 있고 양쪽에는 비석들이 같은 간격으로 나란히 세워져 있습니다. 이것은 무엇일까요? 먼저 세 갈래의 길은 삼도라고 부르는데, 가운뎃길은 왕만이 밟을 수 있는 길로 다

일화문

근정전

품계석

른 길보다 조금 더 높게 조성되어 있습니다. 아이들과 함께 왕의 기분을 느껴보며 삼도의 가운뎃길을 걸어보세요.

그렇다면 양옆으로 줄지어 서 있는 열두 개의 비석 모양 돌들은 무엇일까요? 이는 품계석이라고 부르는 것으로, 조정에 참여하는 관원들이 자기 관품에 해당하는 위치에 가서 서기 위한 용도였습니다. 삼도의 동쪽에는 문신이, 서쪽에는 무신이 각각 위치했습니다.

해마다 경복궁 근정전에서는 1418년 8월 10일 세종대왕이 근정전에서 즉위하여 백성들의 하례를 받은 것을 기념하는 세종대왕 즉위의례 재현행사가 열립니다. 근정전 내부의 어좌는 화려하고 장엄하기 그지없으나 지금은 공사 중이니 궁금하신 분들은 홈페이지를 통해 그 내부를 확인할 수 있습니다.

여기서 잠깐 근정전에서만 볼 수 있는 재미있는 시설물 두 가지를 살펴볼까요?

**청동향로**

첫 번째 시설물의 이름은 청동향로입니다. 근정전에서 의식을 거행할 때 왕이 근정전으로 오르면 청동향로 양쪽으로 향을 피워 올렸다고 합니다. 청동향로는 향을 피우기 위한 목적뿐 아니라 향로 자체가 왕권의 위엄을 상징하므로, 국가의 제례나 큰 잔치가 열릴 때 사용하곤 했답니다. 근정전 내부를 살펴본 후 왼쪽으로 돌아내려가다 보면 거대한 물그릇이 나옵니다. 이것의 이름은 드므입니다. 드므는 불기운을 막기 위한 그릇으로, 그 안에는 물을 가득 넣어두었다고 합니다. 실제 불이 났을 때 불을 끄기 위한 것이라기보다는 화마가 침입해 왔을 때 드므에 비친 자기 모습을 보고 놀라 달아나기를 바라는 마음에서 가져다 놓은 것이지요. 즉 목재로 지어져 화재가 잦은 궁궐에 화마가 침입하지 않기를 바라는 마음을 담은 상징적인 것이라는 견해가 많습니다.

드므에서 내려오면 나무 기둥이 주욱 늘어선 행각이 근정전을 둘러싸고 있습니다. 원래 이곳은 사무실과 창고 용도로 쓰던 건물이었는데, 건물은 모두 사라지고 지금은 기둥만 남아있는 상태입니다.

근정전의 오른쪽에는 세자가 기거하던 동궁 일원이 나오고 근정전의 일직선상에는 왕이 집무를 보던 사정전이 위치하고 있습니다. 사정전은 왕의 공식 집무실입니다. 이곳에서는 왕이 종친 및 대신들과 연회를 벌이기도 하고, 왕이 지켜보는 가운데 과거시험이 치러지기도 했습니다.

## 강녕전과 교태전 임금과 중전의 침전

사정전 뒤편으로 가면 왕의 침소였던 강녕전이 나옵니다. 강녕전은 왕이 일상생활을 했던 공간으로 하루 중 왕이 가장 오래 머무는 곳이었습니다. 강녕전 뒤편의 양의문을 통해서는 왕비의 침전인 교태전과도 이어져 있습니다.

중전이 기거하던 교태전

임금이 기거하던 강녕전

그런데 강녕전과 교태전은 경복궁 내의 다른 건물들과 다른 점이 있습니다. 앞으로 돌아와 근정전 건물을 한번 보세요. 근정전의 지붕에는 한 마리의 용이 꿈틀대듯 기와를 감싼 용마루가 있지만 강령전과 교태전에는 없습니다. 이처럼 강녕전과 교태전에 용마루가 없는 이유는 무엇일까요? 강녕전과 교태전은 왕과 왕비의 침소였던 만큼 왕자 아기씨, 즉 왕을 상징하는 용이 태어나는 신성한 장소로 여겨 굳이 용마루를 만들지 않았다는 견해가 많습니다.

강녕전과 교태전은 창덕궁에 불이 났을 때 왕실을 짓는 자재를 구할 수 없어 철거하여 각각 창덕궁의 희정당과 대조전으로 지어졌습니다. 따라서 현재 경복궁에 있는 강녕전과 교태전은 복원된 건물입니다. 강녕전과 교태전을 본 다음에는 교태전 뒤에 있는 아미산이라는 작은 정원으로 가시기 바랍니다.

## 아미산 궁궐 여인들의 애환이 서린 인공 조형물

아미산은 원래 중국 산동성 박산현에 있는 아름답기로 소문이 난 산입니다. 아미산의 정기를 받아 건강하고 튼튼한 왕자가 태어나기를 바라는 마음에서 교태전 뒤뜰에 인공 산을 만들었다고 합니다.

인공적으로 만들어진 아미산

왕비의 운명은 참 화려하고 아름다운 것 같지만 구중궁궐 가장 구석진 곳에 거처가 마련되어 있는데다 눈으로 보고 즐길 것이라고는 인공으로 만든 산과 호수뿐이니 그 마음이 얼마나 답답했을까요?

더구나 임금의 관심에서 멀어지기라도 했다면 그 외로움과 서러움이 오죽했을까 싶습니다. 차라리 왕비가 아니어도 좋으니 단 하루만이라도 세상 밖에서 자유롭게 웃고 떠들며 생활하기를 바라지 않았을까요? 생각할수록 가슴 한켠이 아려오는 왕실의 이야기입니다.

## 경회루  사신을 맞이하던 대형 연회장

경복궁 안에 여러 건물들이 있지만 가장 눈에 띄는 건물은 단연 경회루입니다. 경회루는 내부로 들어갈 수 없지만 겉으로만 보아도 우리나라에서 가장 큰 연회장소임에 틀림없습니다.

사신을 맞이하던 경회루와
악귀를 쫓기 위한 잡상

경회루는 외국에서 사신이 오거나 군신 간의 연회를 벌일 때 사용하던 장소였는데, 현재의 경회루는 고종 4년에 복원된 것입니다. 복원되기 전에는 나라에 비가 오지 않을 때 기우제를 지내던 장소로 활용했다고 합니다.

경회루의 지붕을 올려다보면 악귀를 막아주는 잡상이 11개나 세워져 있습니다. 잡상이라고 하는 영험한 동물들은 근정전과 다른 건물의 지붕에도 얹어져 있는데 그 수는 경회루에 세워진 것이 가장 많습니다. 그만큼 경회루가 경복궁에서 중요한 장소로 여겨진 것이지요.

## 향원정 왕실 가족의 유일한 휴식처

경회루가 외국 사신과 군신들의 연회장이었다면 왕실 가족들의 휴식처는 향원정입니다. 고종이 건청궁을 지을 당시에 그 앞에 연못을 파고 연못 가운데 섬을 만들어 정자를 세웠습니다.

향원정을 건너는 다리는 '맑은 향에 취한다'는 뜻에서 취향교라고 이름 지어졌습니다. 향원정은 경복궁 내에서도 풍광이 가장 아름다워 우리나라를 대표하는 관광명소 사진에 빠지지 않고 등

지금은 관광 명소가 된 향원정

장합니다. 인공으로 조성된 호수와 정자라고 하기에는 너무나 근사한 풍경을 자랑합니다.

그 밖에도 경복궁에는 아름다운 건축물과 그것에 얽힌 재미난 이야기들이 가득합니다. 봄, 여름, 가을, 겨울 할 것 없이 사계절이 아름다운 궁궐 경복궁은 이제 고학년이 된 어린이들이라면 빠뜨리지 말고 둘러보아야 할 소중한 문화유산입니다.

### 경복궁 중건과 흥선대원군

에~에헤이야 얼덜덜 거리고 방아로다.

남문을 열고 파루를 치니 계명산천이 밝아온다.

덜커덩 소리가 웬 소린가

경복궁 짓느라고 회방아 찧는 소리다.

우리나라 좋은 나무는 경복궁 중건에 다 들어간다.

근정전 드높게 짓고 만조백관이 조화를 드린다.

남산하고 십이봉에 오작 한 쌍이 훨훨 날아든다.


이 노래는 경기지방에서 전해 내려오는 경기민요 '경복궁 타령'의 일부입니다. 경복궁 중건으로 인한 서민들의 아픔이 절절하게 담겨져 있습니다. 임진왜란 때 불타버린 경복궁을 중건한 사람은 고종의 아버지 흥선대원군입니다.

원래 대원군이라는 명칭은 임금이 대를 이을 아들이 없이 죽은 경우, 후에 왕이 된 분의 아버지를 일컫는 말인데, 조선에는 모두 네 명의 대원군이 있습니다. 그중 가장 유명한 분이 바로 흥선대원군입니다.

흥선대원군은 고종이 열두 살의 어린 나이에 왕위에 오르자 성인이 되어 정치를 할 수 있을 때까지 고종 대신 정치를 하였습니다. 태산을 깎아 평지를 만들겠다는 흥선대원군의 확고한 신념에서 볼 수 있듯이, 그는 확고한 의지로 정치를 펴나갔습니다. 양반들에게도 세금을 거두었고 세금을 내지 않아 당파싸움과 국고손실의 온상이 되었던 서원도 47개만 남기고 모두 철폐하였습니다. 또한 양반들의 의복을 간소화하여 사치와 낭비를 줄이기도 하였습니다. 흥선대원군의 파격적인 정책은 백성들에게 환영을 받았지만 모든 정책이 다 그랬던 것은 아니었습니다.

경복궁을 중건하느라 많은 백성들의 노동력을 동원하여 원성을 샀고, 중건하는 과정에서 당백전이라는 화폐를 마구잡이로 발행하여 물가를 크게 상승시키는 부작용을 낳기도 하였습니다. 우리에게 척화비를 세운 분으로 알려져 있는 흥선대원군은 이렇게 경복궁과도 깊은 관계가 있답니다.

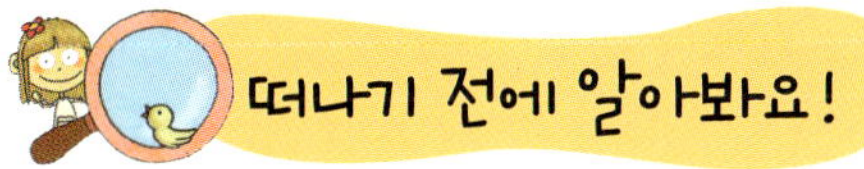


## 경복궁 관람안내

| 구분 | 계절별 운영 시간 | | 기타 |
|---|---|---|---|
| 개장 시간 | 3~10월 | 09:00~18:00 | • 매표소는 폐장 1시간 전까지만 운영하며 휴관일은 매주 화요일입니다. |
| | 11~2월 | 09:00~17:00 | |
| 입장료 (단체) | 일반 (19~64세) | 3,000 (2,400) | |
| | 청소년(7~18세) | 1,500 (1,200) | |
| | 7세 이하, 18세 이상 | 무료 | |
| 무료해설 시간 | • 경복궁 해설<br>월, 목~토요일 : 11:00, 13:00, 14:00, 15:00 16:00 (동절기 15:30)<br>일요일 12:30 13:30 14:30 추가 안내<br>수요일 11:00, 13:00, 14:00, 15:00 16:00 (동절기 15:30)<br>(10~30인의 단체 관람객들은 사전예약(02-723-4283) 요망)<br>• 건청궁, 태원전 일원 해설<br>한국어 : 11:00, 14:00, 16:00<br>(건청궁과 태원전 해설 집결지는 건청궁 앞)<br>• 입장료의 단체 인원은 10인 이상 | | |

# 심청이와 함께 역사 속으로 국립민속 어린이박물관

**관련 교과**

**| 2-1 슬기로운 생활 |** 다양한 악기소리를 듣고 소리에 대해 이야기해보자.

**| 4-2 사회 |** 우리 지역에 있는 박물관을 견학해보자.

**| 5-1 사회 |** 더위와 추위에 대비한 한복에 대해 알아보자.

## 추천 코스 (당일)

**출발** ▶ 국립민속 어린이박물관 관람 ▶ 국립민속박물관 관람 ▶ 삼청동 산책

국립민속 어린이박물관은 국립민속박물관 내에 위치해 있습니다. 네 살부터 열 살까지의 어린이들이 우리의 민속 문화나 놀이를 직접 체험해볼 수 있도록 꾸며진 공간으로, 최근 리모델링을 해서 무척 세련되고 재미있는 공간으로 바뀌었습니다. 초등학교 고학년 정도의 아이들이라면 어린이박물관과 더불어 국립민속박물관도 함께 돌아보면 학습에도 도움이 될 것입니다.

이곳은 우리나라에서 가장 훌륭한 민속박물관이라 해도 과언이 아닐 만큼 잘 구성되어 있는 박물관이며, 바로 옆에는 경복궁이 있어 외국인 관광객들도 많이 방문하는 곳입니다. 또한 공부할 거리들이 가득할 뿐만 아니라 갈 때마다 새로운 지식을 발견할 수도 있습니다.

아이들과 함께 박물관을 꾸준히 방문하다 보면 어느 순간 아이들 스스로가 깊이 있게 사고하는 법을 깨치게 될 것입니다. 참, 어린이박물관의 주제는 '심청 이야기'이니 방문하기 전에 아이들에게 동화책을 읽어주기 바랍니다.

국립민속 어린이박물관에서 만나는 심청전

# 국립민속 어린이박물관

**주소** 서울 종로구 삼청동길 35  |  ☎ 02-3704-4540  |  http://www.ncm.go.kr

**박물관에 그려진 심청전 벽화**

국립민속 어린이박물관은 심청전을 주제로 박물관 전시 내용을 풀어가고 있습니다. 심청전을 주제로 삼은 까닭은 어려운 상황 속에서도 꿋꿋이 어려움을 극복한 심청의 이야기를 통해 우리 어린이들이 지혜와 용기, 사랑과 감동을 스스로 깨치게 하기 위해서라고 합니다.

박물관에 들어서면 먼저 심청이의 집이 나옵니다. 청이가 살던 곳을 둘러보기 전에 심청이라는 아이가 어떤 인물인지 간단한 줄거리부터 살펴보기로 할까요?

## 숨어있는 이야기를 찾아라!

효녀 심청의 배경이 된 시대는 중국 송나라 말년입니다. 황주 도화동에 심학규라는 봉사가 곽씨 부인과 함께 살았는데 슬하에는 아이가 없었습니다. 둘은 지성으로 불공을 들인 덕에 어여쁜 딸을 낳았지만 곽씨 부인은 산후조리를 잘못한 탓에 딸이 태어난 지 7일 만에 죽고 맙니다.

부인 없이 딸의 젖동냥을 다니는 심봉사가 불쌍하여 마을 사람들은 청이를 성심

성의껏 돌보아줍니다. 청이는 아름답고 재주 많은 아이로 성장하여 정승 집에서 수양딸로 삼고 싶어하였습니다. 하지만 앞을 못 보는 아버지를 생각하여 수양딸 제의도 거절하고 지극정성으로 아버지를 모십니다.

어느 날 이웃집 방아를 찧어주러 갔던 청이가 늦도록 돌아오지 않자 청이를 찾으러 나섰던 심봉사는 그만 발을 헛디뎌 웅덩이에 빠지고 맙니다. 때마침 그곳을 지나던 몽은사의 스님이 구해주면서 부처님께 공양미 삼백 석을 시주하면 앞을 볼 수 있다는 말을 합니다. 눈을 뜰 수 있다는 말에 앞뒤 가릴 것 없이 덜컥 시주하겠노라고 약속한 심봉사는 집으로 돌아와 뒤늦게 후회를 합니다.

이 사실을 알게 된 청이는 남경 상인들에게 몸을 팔고 공양미 삼백 석을 몽은사에 시주합니다. 남경 상인들의 배를 타고 인당수에 몸을 던진 심청은 바닷속에서 꿈에도 그리던 어머니 곽씨 부인과 해후하게 되고, 용궁에서 다시 인간계로 돌아가게 된 심청은 커다란 연꽃을 타고 바다 위로 떠오릅니다. 이를 기이하게 여긴 임금은 연꽃 속의 심청을 데려와 왕후로 삼게 되었고 심청은 아버지를 찾기 위해 전국의 눈 먼 봉사들을 모아 잔치를 벌이게 되는데 그 자리에서 아버지와 다시 만나게 됩니다. 심청이 떠난 후 뺑덕어멈의 횡포에 고생하던 심봉사는 딸을 다시 만났다는 놀라움과 기쁨에 눈을 뜨게 되고 행복한 결말을 맞습니다.

**첫 번째 체험** 심청이의 생활과 공양미 삼백 석 알아보기

심청이네 집의 소박한 마루를 딛고 방으로 들어서면 한쪽 구석에 있는 자잘한 생활도구들이 눈에 들어옵니다.

오른쪽 서랍 아래에는 다림질할 때 쓰는 도구인 인두와 다리미가 놓여 있는데요. 부모님들이야 인두와 다리미가 어디에 사용되었는지를 알지만 우리 아이들은 잘 모릅니다. 저 널찍한 쇠그릇 안에 달구어진 숯을 담고 옷감을 쓱쓱 다리면 옷의 주름이 펴졌지요.

인두와 다리미

모형 다리미를 들고 방 안에 설치된 터치화면 속의 주름진 옷을 다리면 진짜 다리미로 다림질을 한 듯 금세 주름이 펴지고 천이 반들반들해집니다. 아이들에게 인두와 다리미의 기능을 설명할 때 도움이 되겠지요?

이곳의 관람 포인트는 현대의 도구와 옛날 도구를 각각 비교해보는 것입니다.

방안을 둘러보고 난 후 마루로 이동하면 천을 짜는 도구들이 놓여 있는데요. 각자 어떤 기능을 하는지를 알아볼까요?

1 목화솜의 씨앗을 걸러내는 씨아와 베틀
2 목화솜을 실로 만드는 물레

우선 첫 번째 사진의 하단에 있는 '씨아'라는 도구는 손잡이를 엇갈리게 돌려서 목화솜 안에 있는 씨앗을 걸러내는 장치입니다. 목화솜 안에 씨앗이 있으면 실을 잣기가 힘이 드니까요. 어린이박물관에 씨아가 있으니 돌려보면서 씨앗을 빼는 과정을 익혀보면 좋습니다.

그리고 두 번째 사진 속의 '물레'는 목화솜을 실로 만드는 도구입니다. 실이 있어야 천을 짤 수 있죠. 요즘은 공장에서 이 부분을 모두 해결하지만 옛날 우리 조상들은 이런 도구들을 사용하여 옷을 직접 만들었답니다.

마지막으로 '씨아'라는 도구 뒤편에 있는 '베틀'은 씨아와 물레를 이용해 만든 실로 옷감을 짜는 도구입니다. 씨실과 날실이 교차되는 원리를 이용하여 옷감을 만드는 것이지요.

이렇게 만들어진 옷감으로는 생활에 필요한 옷과 이불 등 다양한 생활용품을 만들었습니다. 완성된 옷은 깨끗이 빨아서 말린 다음에 차곡차곡 접어서 다듬이질을 해 주름을 폈습니다. 어린이박물관 심청이네 집 마루에는 다듬잇돌과 방망이가 있어서 재미있는 다듬이질 체험도 할 수 있습니다.

방과 마루를 지나면 이제 주방이 나옵니다. 주방 한켠에서는 쌀과 각종 약재들, 식재료들을 측량하는 도량형 도구들을 볼 수 있습니다. 홉, 되, 말과 같은 부피의 측정단위들은 현대에 들어서는 낯선 이야기가 되어버렸지만 우리 조상들에게는 없어서는 안 될 생활 필수품이었습니다.

 **교과서 돋보기**

**도량형이란?**

우리 조상들은 물건의 부피를 어떻게 측정했을까요? 통일된 부피 단위로 부피를 측정했는데, 이 중 가장 작은 단위가 '홉'입니다. 제시된 표의 내용은 옛날의 도량형을 오늘날의 부피 단위로 환산한 것입니다. 

홉, 되, 말이 이제 어느 정도의 양인지 가늠이 될 것입니다. 홉은 가장 작은 단위로 열 홉이 한 되에 해당되는 양입니다. 사진상에 네모반듯한 상자로 깎은 듯이 재어 가득 채운 양이 바로 한 되입니다.

열 되가 모이면 한 말이 되는데, 사진에 보이는 항아리 모양 그릇에 깎은 듯이 재어 가득 채운 양이 바로 한 말에 해당됩니다. 관리들이 부패했던 조선 후기에는 도량형이 제각각이어서 환란 시에 구휼할 때에는 쌀을 적게 빌려주고 나중에는 많이 받아내는 폐해들이 빈번하게 발생했습니다. 그

| 옛날 부피의 단위 | 오늘날 부피의 단위 |
| --- | --- |
| 1홉 | 0.18039 리터 |
| 1되 | 1.8039 리터 |
| 1말 | 18.039 리터 |

후 갑오개혁 때 일본의 도량형을 기준으로 전국적으로 통일하게 됩니다.

**두 번째 체험** 인당수에 빠져보고 심봉사도 되어보고!

파란 바닷물이 출렁이는 인당수에서 허우적거리다가 미끄럼틀을 타고 슈욱 내려오면 입구에서 출구로 나오게 되어있는 재미있는 체험놀이터입니다. 처음에는 캄캄한 공간이 나오는데요. 이 공간은 심봉사의 입장이 되어 생각해 볼 수 있도록 꾸며진 공간이라고 하더군요. 아이들이 매우 재미있어 하는 공간이니 부모님과 함께 체험해보면 좋을 것 같습니다.

**세 번째 체험** 바닷속 용궁도 체험하고 연화재생도 해보고!

이곳은 심청이가 인당수에 빠졌다가 연꽃 속에서 다시 태어나는 장면을 신나는 놀이터로 꾸며놓은 공간입니다. 아이가 연꽃 속에 타면 엄마와 아빠가 바깥에서 빙빙 돌려주면 됩니다. 연꽃 주변에는 맹인잔치를 여는 코너와 전통음악을 체험할 수 있는 코너도 마련되어 있어서 아이들이 참 좋아합니다.

**네 번째 체험** 왕비가 된 심청은 어떻게 살았을까?

심청이가 왕비가 된 후의 생활을 알 수 있는 이 공간에서는 왕과 왕비의 의상을 입

왕과 왕비가 되어본 우리 집 아이들

어보거나 우리 악기인 북도 두드려보는 등 다양한 체험을 할 수 있습니다. 궁중의상도 입어보고 왕좌에도 앉아보는 체험이야말로 국립민속 어린이박물관의 백미라고 할 수 있습니다. 궁중의상은 화려하고 아름다워서 아이들이 한복의 아름다움을 느끼기에 충분합니다.

또한 이 코너에는 심봉사와 심청이가 어려웠던 시절에 입었던 누더기 옷과 평상복뿐만 아니라 북도 준비되어 있어서 아이들과 의상을 갖추어 입고 역할을 나누어 재미있는 판소리 극을 해볼 수도 있습니다. 그 밖에도 이 공간에는 심청전을 애니메이션으로 감상할 수 있는 심청 극장과 간단한 만들기 체험이 가능한 어린이공방이 마련되어 있답니다.

## 예술과 트렌드가 살아있는 작은 골목  삼청동

추운 날 두 손 호호 불어가며 삼청동 골목 구석구석을 걸어보셨나요. 커다란 통창으로 무심한 듯 차를 홀짝이며 스산한 가을을 음미하는 사람들, 줄을 서서 먹어야 하는 맛있는 떡볶이집, 구석구석 숨어 있는 작은 갤러리와 박물관들은 영혼이 깨어 있음을 느끼게 하는 신선하고 아름다운 자극입니다. 아이들과 국립민속박물관을 방문하셨다면 산책 삼아 걸음을 삼청동으로 옮겨볼 것을 추천합니다.

## 떡볶이 달인의 인기 맛집  먹쉬돈나

**주소** 서울 종로구 안국동 17-18 | ☎ 02-723-8089

삼청동 골목을 따라 들어서면 맛있는 떡볶이집 먹쉬돈나가 나옵니다. 주말 식사시간에 가면 줄을 길게 늘어서서 기다려야 할 정도로 인기가 있습니다.

먹쉬돈나는 '먹고 쉬고 돈 내고 나가라'의 줄임말이라고 하는데요. 가게 이름부터가 참 재미있죠? 이곳의 명물은 여러 가지 재료를 혼합해서 즉석에서 끓여 먹는 떡볶이인데요. 해물과 치즈의 궁합이 찰떡궁합입니다. 춥고 스산한 날에는 가끔 먹쉬돈나 떡볶이가 생각납니다. 떡볶이는 아이들이 좋아하는 메뉴기도 하지요.

'먹고 쉬고 돈 내고 나가라'는 뜻의
먹쉬돈나는 삼청동에서 가장 유명한 맛집이다

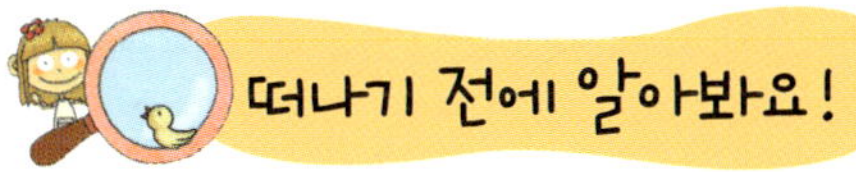


## 박물관 홈페이지를 미리 방문하여 관련 정보를 알고 가세요!

홈페이지를 통한 사전예약 규정이 있는 경우에는 헛수고를 하고 돌아와야 하는 경우가 생길 수 있으니 반드시 미리 홈페이지를 둘러보는 것이 좋습니다. 박물관에 따라서는 사이버학습을 할 수 있는 공간을 꾸며놓은 곳이 많은데요. 아이들과 미리 문제도 풀어보고 전시품에 대하여 사전학습을 할 수도 있어 유용한 경우가 많습니다.

국립민속 어린이박물관에서는 초등학교 저학년용, 고학년용 학습지와 재미난 게임, 우리나라 동화 코너 등을 마련하여 아이들이 스스로 공부를 할 수 있도록 꾸며놓았습니다.

## 박물관에서의 예절과 규칙을 아이와 함께 미리 습득하세요!

박물관에서 지식을 습득하는 것보다 더 중요한 것은 지식을 습득하는 자세를 배우는 것입니다.

예전에 민속박물관에서 실제 있었던 일입니다. 외국인 관광객이 한 아이를 데리고 찬찬히 돌아보고 있었습니다. 문화해설사가 한 유물을 앞에 두고 강연을 하고 있자 아이를 데리고 살짝 옆으로 비켜서서 기다리다가 해설사가 해설을 마치고 다른 곳으로 이동하자 조용히 그 자리에 들어와 아이와 관람하는 모습에 감동받은 적이 있습니다.

지식보다는 지식을 구하는 태도가 얼마나 중요한지 그 아이는 부모를 통하여 배웠을 것입니다. 반면에 아이에게 유물에 대해 설명하고 있는 제 앞으로 한 아이를 안은 엄마가 막무가내로 밀치고 들어온 일도 있습니다. 그 엄마는 아이의 몸집이 컸음에도 불구하고 유물이 잘 안 보일까 봐 아이를 안은 상태에서 남이 관람 중이든 말든 상관없이 내 아이에게 유물을 보여주려 했던 것입니다.

그 엄마는 아이에게 지식을 안겨주는 소기의 성과를 얻었는지 모르지만, 지식을 구하기 위해서는 타인을 의식하지 않아도 된다는 이기적인 잠재의식까지 아이에게 가르치고 말았습니다.

지식을 구하는 태도는 학습의 가장 밑바탕이 되는 것이기 때문에 무엇보다 중요합니다. 박물관을 방문하기 전에 아이에게 제대로 된 관람의식부터 심어줘야 할 것입니다.

## 사후활동을 확실히 해주세요!

방문하고 난 다음 흐지부지 끝맺을 것이 아니라 박물관을 다녀온 느낌과 보고 배운 것에 대하여 반드시 일기로 정리할 수 있어야 합니다. 만약 일기를 쓸 수 있는 나이가 아니라면 박물관 견학에 대한 느낌을 그림으로 표현할 수 있도록 도와주는 것도 좋습니다.

박물관을 다녀와서 쓴 그림일기

## 국립민속 어린이박물관 관람안내

| 구분 | | 계절별 운영시간 |
|---|---|---|
| 관람시간 | 3~10월 | 09:00~18:00 |
| | 11~2월 | 09:00~17:00 |
| | 5~8월<br>(토요일 및 공휴일) | 09:00~19:00 |
| 관람 소요시간 | | 60분 예정(30분 간격으로 총 16회 입장 운영) |
| 인원 제한 | | 1회당 50명 입장(인터넷 예약 30명, 현장 예약 20명) |

- 입장료 : 무료이며 경복궁 관람 시에는 경복궁 매표소에서 입장권을 별도 구입
- 휴관일 : 매주 화요일, 1월 1일
- 기타 관람안내
  1) 사전 인터넷 예약 및 현장 접수
  2) 체험 위주의 박물관이므로 회차당 예약 50명(인터넷 30명, 현장 20명)으로 제한
  3) 현장 예약 관람객은 당일 어린이박물관에서 선착순 접수 가능(보호자 포함 5명 이내)
  4) 체험 적정 연령은 만 5세~초등학교 3학년이며 연령 제한은 없음

# 체험학습의 필수코스
# 국립중앙 어린이박물관

## 추천 코스 (당일)

**출발** ▶ 국립중앙 어린이박물관

국립중앙 어린이박물관은 국립중앙박물관 내에 위치한 어린이들을 위한 박물관입니다. 그래서 내용과 규모, 시설 면에서 감히 국내 최고의 어린이 박물관이라고 자부할 수 있습니다.

또한 다양한 체험활동을 통하여 역사의 흐름을 이해하고 적용한다는 취지에서 사회 과목은 무조건 암기해야 한다는 편견을 깬 훌륭한 시도라고 할 수 있습니다.

개정된 2학년 2학기 국어 교과서에서는 이 어린이박물관에 대한 부분에 큰 비중을 두고 있고, 초등학교 교과 과정에서는 2학년 어린이들이 기본적으로 국립중앙 어린이박물관으로 체험학습을 가도록 권장할 만큼 매우 비중있게 다루어지는 체험장이기도 합니다.

국립중앙 어린이박물관에 전시된 아차산 보루 모형

# 국립중앙 어린이박물관

**주소** 서울 용산구 서빙고로 135 | ☎ 02-2077-9000 | http://www.museum.go.kr/child/

1 부여 송국리 움집터 모형
2 갈돌과 갈판으로 곡물을 가는 사람 모형

**주거 전시관** 조상들의 삶의 보금자리는 어떤 형태였을까?

의식주 문화유적 중 주거 환경은 우리 조상들이 생활했던 모습을 알 수 있는 좋은 학습의 장입니다. 그래서 국립중앙 어린이박물관 중 삶의 보금자리 영역은 우리 조상들의 주거 영역에 대해 자세히 다루고 있습니다. 이곳에는 대표적인 청동기시대 집자리인 송국리 유적지 모형과 애니메이션, 집의 발달 과정에 대한 영상물과 유적에서 출토된 삼국시대의 집, 회암리 사지의 온돌 구조, 기와지붕 잇기, 기와무늬 탁본체험 공간 등이 전시되어 있습니다.

어린이박물관에 입장하면 제일 먼저 만날 수 있는 게 부여 송국리 집자리인데요.

선사시대 주거지를 대표하는 움집으로 만들어져 있습니다. 내부로 들어가 보면 가운데가 움푹 파여 있는 화덕자리가 눈에 띄는데 이곳이 바로 불을 피웠던 자리입니다. 규모를 보면 4~5명 정도의 핵가족이 거주하던 곳임을 알 수 있습니다.

화덕자리 부근에는 사람들이 사용하던 도구들이 전시되어 있습니다. 돌로 만든 창과 물고기를 잡던 그물추, 잡아온 물고기들을 말려서 걸어놓은 전시물, 농사를 짓는 데 사용하던 돌보습 등이 있고, 주방 쪽에는 토기들이 정리되어 있습니다. 민무늬 토기를 사용한 것으로 보아 이곳은 청동기시대 집자리임을 알 수 있습니다.

집자리 밖으로 나오면 갈돌과 갈판으로 곡식의 껍질을 벗기는 체험을 할 수 있습니다. 선사시대 사람들은 이렇게 껍질을 벗겨 갈아낸 곡식을 죽 같은 형태로 끓여 먹었을 것입니다.

다음으로 살펴볼 것은 온돌의 구조와 원리입니다. 온돌은 추운 지방을 중심으로 발달된 것으로, 우리나라를 대표하는 난방 양식입니다. 온돌은 고구려에서 처음 시작되었다고 알려졌습니다. 고구려 사람들은 추운 겨울을 따뜻하게 보내기 위해 여러 가지 방법을 고안했는데, 방바닥 밑에 넓적한 돌을 깔고 불기가 지나가는 방고래를 만들어 방 안을 따뜻하게 하면 방바닥 전체가 따스해질 거라고 생각했습니다. 고구려 사람들이 사용하던 온돌은 지금처럼 방 전체를 데우는 온돌이 아니라 일부분만을 데우는 '쪽구들'이었다고 합니다.

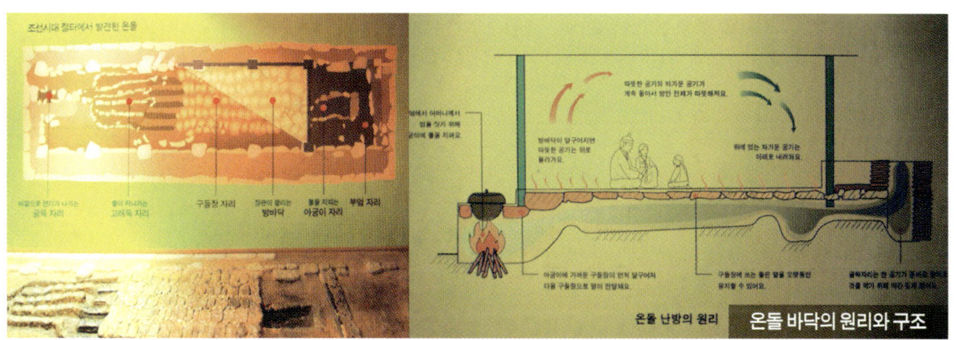

방 전체를 데우는 온돌 구조는 국립중앙 어린이박물관에 가면 직접 확인할 수 있습니다. 온돌이 우리나라를 대표하는 난방 양식인 만큼 교과서에서도 비중 있게 다루고 있으니 놓치지 말고 꼭 설명을 해주기 바랍니다.

### 농경 전시관  조상들에게 농경 문화란 어떤 의미가 있었을까?

다음은 농경 문화와 관련된 전시공간입니다. 농사를 짓기 시작하면서 인류는 생활 전반에 걸쳐 엄청난 변화를 맞게 됩니다. 잉여농산물이 생기게 되고, 이는 빈부의 격차를 가져와 결국 지배 계급과 피지배 계급이라는 권력의 구분도 생깁니다.

농사는 단순히 먹고사는 문제가 아닌, 국가의 성립은 물론 생활 전반과도 밀접한 관계를 맺고 있는 만큼 농경 문화를 이해하는 것은 조상들의 삶의 방식 전반을 이해하는 것과 다름없습니다.

**대전에서 출토된 농경무늬청동기 모형**

농경 영역에는 청동기시대 마을을 보여주는 사천 이금동 유적 모형, 농경무늬청동기에 새겨진 2,400여 년 전 사람들의 농사짓는 풍경, 옛날의 곡식 찾아보기, 각종 농기구 체험 등 다양한 체험 아이템이 마련되어 있습니다.

**과거의 주방과 현대 주방의 비교 체험**

　　국립중앙 어린이박물관에 전시된 이 청동기는 복제품입니다. 무심코 지나칠 수 있는 것이지만 이 안에는 청동기시대에 행해졌던 농경 문화가 고스란히 담겨져 있습니다. 곡식을 저장하는 데 사용했던 토기와 이랑이 선명하게 그려져 있는 밭, 쟁기질 하는 농부의 모습이 바로 그것입니다. 이것으로 청동기시대에는 현재와 다름없는 농사 짓기가 행해졌음을 추측할 수 있습니다.

## 음악 전시관　인류의 마음과 영혼을 비추는 음악과 종교

인류가 탄생하면서부터 음악과 종교는 인류의 동반자였습니다. 과학기술이 발달하기 전 천둥 번개가 치고 홍수와 가뭄이 일어나고 갑작스런 불로 수많은 사람들이 목숨을 잃는 모습은 인간에게 공포와 두려움 그 자체였습니다. 그 두려움을 해소하기 위해 사람들은 제사장을 선출하여 하늘에 제사를 지냈고 하늘의 신을 기쁘게 해드리기 위해 다양한 음악을 연주하게 되었습니다. '마음과 영혼의 소리' 전시공간은 인류의 역사와 함께했던 생소한 악기를 아이들이 체험할 수 있도록 꾸며졌습니다.

　　음악 영역에서는 팔주령, 쌍두령과 같은 청동기시대의 의식용 기구에서 찾아볼 수 있는 방울악기 모형, 신라 고분에서 출토된 '악기를 연주하는 형태'의 흙으로 만든 인형들, 백제금동대향로에 보이는 고대 악기, 고구려 무덤 벽화에 보이는 고구려의 악기들을 복원하여 직접 눈으로 확인하고 체험할 수 있습니다.

　　그 한가운데에 백제금동대향로가 자리 잡고 있습니다. 왜 우리의 소리를 다루는 공간에 백제금동대향로가 있을까요?

　　백제금동대향로를 자세히 보면 악기를 다루는 다섯 명의 현인을 발견할 수 있습니다. 현악기, 배소, 완함, 퉁소, 북을 두드리는 다섯 현인들은 속세를 초월한 '신선들의 소리'를 연주하고 있는 형상이므로 아이들과 꼭 한번 찾아보기 바랍니다.

백제금동대향로

아홉 살 딸아이가 풀어본 역사 퍼즐

악기 영역은 매우 재미있습니다. 각종 악기들을 체험할 수 있기 때문입니다. 아마 어린이들이 가장 오랫동안 머무는 영역 중 하나일 것입니다. 악기 종류도 다양합니다. 아이들은 주로 손북이나 흔들북, 장고 같은 악기들을 연주해보고, 다음으로 조선시대 악기인 편경을 연주하게 될 겁니다.

또한 이 영역에는 역사 퍼즐을 풀 수 있는 공간도 마련되어 있습니다. 아이들과 더불어 문제를 풀어보는 것도 즐거운 시간을 보낼 수 있는 방법이 될 것입니다.

**전쟁 전시관** 전쟁 속 무사들의 고단한 삶을 떠올리며

고대 국가는 치열한 전쟁을 통해서 국가의 기틀을 갖추고 백성들의 생활을 정비하며 왕권을 강화시켜 나갔습니다. 청동기로 만든 무기가 생산된 이래 인류 역사는 전쟁과 더불어 성장했다고 해도 과언이 아닙니다.

이 전시 공간에서는 갑옷 입고 가야 무사 되어보기, 성 쌓아보기, 말 장식 달아보기, 택견 따라 배우기, 무기 퍼즐 등 다양한 체험 아이템을 운영하고 있습니다.

성을 지키는 수비체험 코너에서는 갑옷을 입고 성곽을 한 바퀴 돌아 원래 위치로 돌아오는데, 아이들은 성의 생김새도 살펴보고 직접 전쟁에 참여한 병사의 마음도 느껴볼 수 있습니다.

성곽 근처에는 직접 성을 쌓을 수 있는 공간도 마련되어 있습니다. 투명한 플라스틱 벽돌을 쌓아올려 성을 만드는 놀이입니다. 우리나라는 몇 개의 읍성을 제외하고는 거의 대부분 산성을 쌓았습니다. 국토의 70% 이상이 산인데다, 산이라는 높고 험준한 지형적 장점을 최대한 이용할 수 있기 때문이죠. 그러나 왜구가 침입했을 때 한양으로 바로 진격하기 쉬운 길목이었던 고창, 해미, 순천에는 읍성을 쌓아 마을이 함락되지

않도록 보호했습니다. 읍성은 대부분 성벽의 높이가 매우 높아 철벽 방어를 할 수 있게 만든 것이 특징입니다.

사진으로 보여주고 있는 아차산 보루의 복원 모형은 국립중앙 어린이박물관에 전시되어 있습니다. 지금 아차산에서는 한창 고구려의 보루를 복원하고 있는데요. 고구려는 한강 이남 지방을 정복하는 것이 숙원이었습니다. 광개토대왕의 할아버지인 고국원왕이 백제의 근초고왕에게 목숨을 잃었던 것이 계기가 되어 끊임없이 한강 유역을 넘보았습니다. 광개토대왕을 필두로 뒤를 이은 장수왕이 한강 유역을 점령하고 남으로 충주지역까지 내려옴으로써 그 소원을 이루는 듯했지만 다시 신라에게 영토를 빼앗기게 됩니다.

고구려의 아차산 보루는 늘 몽촌토성과 풍납토성을 노리며 진격을 꿈꾸던 고구려 병사들의 전초기지였습니다. 복원된 모형을 자세히 들여다보면 이곳이 군사 훈련장, 식량 창고, 숙소, 방어시설 등이 구축되어 있는 매우 큰 규모의 보루였음을 확인할 수 있습니다.

재미있는 병사체험과 아차산 보루 모형

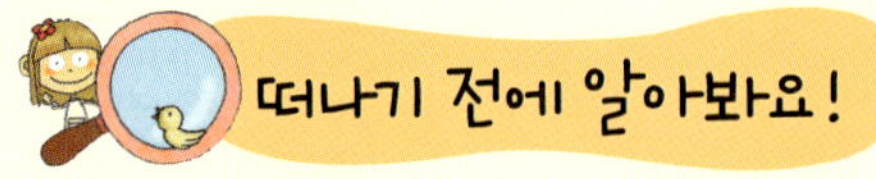


박물관은 교과서 여행을 하는 분들이라면 여행을 시작하거나 마무리할 때 꼭 방문해야 할 장소입니다. 하지만 무턱대고 박물관을 방문하게 되면 학습 효과를 조금도 기대할 수 없습니다. 박물관을 막 나설 때는 뿌듯하겠지만, 시간이 흐르면 그 안에서 만난 소중한 정보를 너무나 쉽게 잊어버리고 말지요. 그런 경험이 있다면 박물관을 효과적으로 활용할 수 있는 다음의 방법을 기억하세요.

## 아이의 발달단계에 맞는 박물관을 선택하세요!

가끔 박물관에 두 돌도 안 된 아이들을 데리고 와서 무언가를 열심히 설명해주는 부모님을 만나게 됩니다. 너무 어린 아이들에게는 종합 선물세트 같은 박물관은 어려운 공간입니다. 적어도 36개월 전의 아이들에게는 박물관 같은 공간보다는 탁 트인 자연 속에서 뛰고 구르고 소리 지르는 활동이 좋습니다. 저 역시 아이들이 세 돌이 되기 전에는 펜션이나 민박에서 하루를 보내며 사색하고 책도 읽고 아이들과 몸으로 부딪치는 놀이 활동을 하면서 아이들과 정서적인 교감을 나누기 위해 노력했습니다. 세 돌이 지나고 사회성이 형성되어 가는 시기, 즉 36개월에서 만 6세 정도라면 박물관 중에서도 체험활동을 많이 할 수 있는 곳이 좋습니다.

서울의 전쟁기념관에 위치한 '롤링볼 어린이박물관'과 '별난 물건 박물관'이 좋은 예입니다. 만지고 놀며 조작해보는 활동을 통하여 아이들의 창의성도 함께 자라게 됩니다. 유치원에 다닐 시기가 되면 지적인 활동이 가미된 '국립민속 어린이박물관', '국립중앙 어린이박물관', '국립서울과학관' 같은 곳을 추천합니다. 초등학교에 입학해서는 본격적인 테마 박물관 및 지역의 국립박물관 등을 방문하여 교과 과정이 연계된 다양한 전시물을 접하는 것이 좋습니다.

| 미취학 어린이들이 방문하기 좋은 박물관 ||
| --- | --- |
| 롤링볼 어린이박물관 | http://www.rollingball.co.kr/ |
| 별난 물건 박물관 | http://www.funmuseum.com/ |
| 삼성어린이박물관 | http://kids.samsungfoundation.org/ |
| 국립민속 어린이박물관 | http://www.kidsnfm.go.kr/ |
| 국립중앙 어린이박물관 | http://www.museum.go.kr/child/ |

## 박물관을 방문하기 전에 홈페이지를 먼저 방문하세요!

요즘은 모든 박물관마다 홈페이지가 구축되어 있습니다. 홈페이지는 어린이들이 교과에 활용할 수 있는 사이버 자료로 가득합니다. 바로 다운받아 자료집으로 활용할 수 있는 우수한 자료들도 많고, 전시실에 대한 안내와 유물에 대한 설명도 잘 정리되어 있으니 먼저 홈페이지에 방문해서 공부를 하면 현장에서 유물에 대한 설명을 읽느라 시간을 낭비할 필요가 없어집니다.

## 박물관을 방문하기 전에는 박물관 내 예절을 가르쳐주세요!

전시된 내용을 익히는 것보다 박물관에서 유물을 관람하는 태도가 더 중요합니다. 아이들이 박물관 안에서 소리 지르고 뛰어다니는 등 다른 관람객들에게 방해가 되는 행동을 방치하는 것은 이미 학문에 대한 진지한 탐구 자세를 망각시키는 것과 다름없습니다. 아이의 예의 바른 관람 태도는 다른 아이들에게도 모범이 되고, 인성을 기르는 데도 큰 도움이 됩니다.

## 박물관 자료집을 구입하여 학습자료로 활용하세요!

요즘은 박물관마다 관내 유물을 상세히 소개하고 있는 자료집을 판매하고 있습니다. 아이들을 위한 자료집은 대부분 2,000~3,000원 정도로 저렴한 편입니다. 저는 이런 자료집을 구입해서 학습 자료로 다시 활용하곤 합니다. 놀토를 어떻게 보냈는지를 증명할 수 있는 자료로 쓸 수도 있고, 일기장에 중요한 내용을 오려 붙여 일기를 써볼 수도 있고, 무엇보다 관람한 내용을 체계적으로 정리하는 데 큰 도움이 됩니다.

# 국립중앙 어린이박물관 관람안내

박물관 관람 시에는 체험 도구들이 필요한데, 입장 전에 기념품 판매점에서 1,000원에 구입할 수 있습니다. 이 사실을 모르고 입장했다가 다시 나가서 사오는 분들이 많은데, 아이들은 대부분 다른 아이가 하면 해보고 싶어 하니 미리 구입해서 입장하는 것이 좋습니다.

| 구 분 | | 내 용 |
|---|---|---|
| 관람시간 | 연중 | 09:00~18:00 |
| | 야간 개장<br>(매월 마지막 주 수요일) | 18:00~19:30 (200명) |
| | | 19:30~21:00 (200명) |
| 관람<br>소요시간 | 90분 예정<br>(총 6회 입장 운영) | 1회 9:00~10:30 |
| | | 2회 10:30~12:00 |
| | | 3회 12:00~13:30 |
| | | 4회 13:30~15:00 |
| | | 5회 15:00~16:30 |
| | | 6회 16:30~18:00 |
| 인원 제한 | | 1회당 100명 입장<br>(인터넷 예약 100명, 현장 예약 회차당 150명) |

- 관람료 : 무료
- 휴관일 : 매주 월요일, 1월 1일
- 기타 관람안내
  1) 사전 인터넷 예약 및 현장 접수
  2) 체험 위주의 박물관이므로 회차당 150명으로 제한
  3) 현장 발권은 당일 매표소에서 선착순으로 1인 4매까지 가능
  4) 인터넷 예약(30일 전부터) 후 예약확인증을 출력해 오면 별도의 관람권 없이 입장 가능
  5) 예약한 관람권의 취소는 관람 전일 오후 5시까지 사용 가능

# 신석기시대가 눈앞에 펼쳐진다!
# 암사동 선사주거지

> **관련 교과**
>
> | **2-1 슬기로운 생활** | 옛날 사람들은 어떤 집에서 살았는지 알아보자.
> | **6-1 사회** | 선사시대의 생활모습에 대하여 알아보자.

## 추천 코스 (당일)

**출발** ▶ 암사동 선사주거지 매표 후 입장 ▶ 움집 체험관 및 움집터 둘러보기 ▶ 제1전시관, 제2전시관 관람 ▶ 선사문화 체험 활동 ▶ 산책 후 중식 및 귀가

우리나라에서 발견된 신석기 유적지는 총 400여 곳이며, 남한에서 발견된 주거지는 서울 암사동, 하남 미사리, 양양 오산리, 북제주 고산리, 부산 동삼동 유적지를 포함하여 약 20여 곳 정도입니다.

그중 가장 대표적인 유적지는 빗살무늬토기와 정돈된 움집터로 유명한 서울 암사동 선사주거지와, 신석기시대 예술품인 흙얼굴이 발견된 양양 오산리 유적지입니다. 이 장에서 소개하는 서울 암사동 선사주거지는 중서부 지방의 신석기 주거지 중 가장 규모가 크고 많은 유물이 발굴된 유적입니다.

암사동 선사주거지의 움집 모형

# 암사동 선사주거지 신석기시대를 재현하다

**주소** 서울 강동구 선사로 233 | ☎ 02-3426-3857 | http://sunsa.gangdong.go.kr/

신석기시대의 일상생활 모습
움집의 천장 구조

사적 제267호로 지정된 암사동 선사주거지는 일제 강점기인 1925년에 대규모 홍수로 발견되었는데요. 그 당시만 하더라도 크게 이목을 끌지 못하다가 1960년 야구장을 건설하기 위해 부지를 고르던 중에 빗살무늬토기 파편들이 대규모로 발견되면서 학계의 주목을 받았습니다.

암사동에서 발견된 빗살무늬토기는 바닥이 뾰족한 모양으로, 빗살무늬토기 중에서도 매우 독특한 형태로 유명합니다. 암사동에서 신석기시대 주거지가 발굴된 이후 지금은 강동구에서 암사동 선사문화공원으로 조성해놓아 움집터도 복원되어 있습니다.

먼저 매표를 하고 오른쪽으로 걸어가다 보면 움집터가 보입니다. 암사동 선사주거지에서는 모두 20여 개의 움집터가 발견되었습니다. 대부분 네모 모양이나 원형으로 되어 있는데, 보존상태가 좋아서 신석기인들의 주거공간을 복원하는 데 큰 도움이 되었던 획기적인 발굴터라고 할 수 있습니다. 지금은 총 8개 정도를 복원해서 전시하고 있습니다.

움집들을 가로질러 걸어가다 보면 맨 마지막 움집터 앞에서 걸음을 멈추게 됩니다. 이곳에는 움집 체험관이 위치해 있습니다.

움집 안으로 들어갈 때에는 머리를 조심해야 합니다. 움집은 들어가는 입구가 낮아서 어른들은 대부분 머리를 부딪치곤 하니까요.

움집터로 들어서면 자동센서가 감지되어 낭랑한 목소리의 해설이 들립니다. 움집 체험관의 가운데에는 화덕자리가 있고 4~5명 정도의 소규모 가족이 생활하기에 적당한 공간이 나옵니다. 이것으로 보아 신석기시대에는 가족 단위로 정착생활을 했음을 알 수 있습니다.

방바닥이 아래로 70~100cm 정도 푹 꺼져 있는 것으로 보아 신석기인들은 바닥이 지면보다 낮은 반지하 생활을 했던 것을 짐작할 수 있습니다. 반지하는 여름에 시원하고 겨울에 따뜻하다는 특징이 있습니다. 냉난방이 어려웠던 신석기시대에는 이렇게 반지하 움집을 만들어서 자연의 이치를 잘 활용했던 겁니다. 그렇다면 바닥을 팠을 때 지면에서부터 올라오는 눅눅한 습기는 어떻게 없앴을까요? 그것은 바닥에 짚을 깔고 불을 질러 흙을 마르게 했다고 알려져 있습니다.

움집 체험관 내부를 다시 살펴볼까요? 아이들 둘은 갓 잡아온 생선을 꼬치에 끼워 화덕에 굽고 있습니다. 사냥해온 고기도 옆에 나란히 놓여 있습니다. 그리고 아이들 주변으로는 빗살무늬토기가 있는데요. 그 안에 곡식들이 저장되어 있는 것 같습니다.

어머니는 갈돌과 갈판을 이용하여 오늘 저녁에 먹을 곡식의 껍질을 벗기고 아버지는 창을 다듬는 모습입니다. 생선을 대량으로 잡을 수 있는 그물도 잘 손질되어 걸려 있고 당장 먹을 게 아닌 생선들은 끈에 꿰어 말리는 모습도 보입니다. 정말 평화로운 가족이지 않나요?

그렇다면 움집에서 화덕자리에 피운 불은 그 연기를 어디로 뺐을까요? 움집 체험관의 천장을 올려다보세요. 까치구멍이라고 하는 구멍이 뚫려 있는 모습을 확인할 수 있을 겁니다.

##  움집터의 구조를 자세히 들여다보자!

움집 체험관에서 나와 왼쪽으로 방향을 틀면 전시관이 나옵니다. 전시관 관람료는 선사주거지 입장료에 포함되어 있습니다. 제1전시관으로 들어서면 암사동 선사주거지에서 발굴된 움집터가 모습을 드러내며, 그 주변으로 신석기 문화에 대한 상세한 설명과 그림 자료가 준비되어 있습니다.

반지하 깊이로 움푹 파인 공간에는 여러 개의 구멍이 있는데요. 이는 화덕자리와 빗살무늬토기에 저장한 곡식들을 보관하는 저장 구덩이들, 그리고 기둥을 세웠던 기둥 구멍들입니다. 여러 채의 집이 한곳에 모여 있는 것으로 보아 신석기인들은 살기 좋은 땅에 마을을 이루며 공동생활을 했던 것 같습니다.

움집터를 본 다음에는 양옆으로 전시되어 있는 신석기시대의 특징에 대한 설명을 자세히 읽어보기 바랍니다. 무엇보다 신석기시대는 농경 문화로 대표되는 문화혁명이 가장 큰 특징입니다. 농사를 짓게 되면서 보다 정교한 간석기를 사용하게 되고, 간석기의 발달로 다양한 그물추를 만들면서 대량 어획이 가능한 그물도 만듭니다. 농사를 지어 곡식이 생기게 되니 담아 놓을 토기도 제작하게 되고 자꾸만 사회의 모습이 변화되는 것이지요.

제1진시관에는 임사동에서 출토된 다양한 간석기들과 빗살무늬도기 파편들이 전시되어 있습니다. 빗살무늬도기는 출토된 지역에 따라 그 모양과 빗살의 무늬까지 차이가 있으니 아이들과 차이점을 비교하면서 관람하기 바랍니다.

## 제2전시관  빗살무늬토기 만드는 법을 배워보자!

제2전시관에 들어서면 먼저 영상물부터 보도록 하세요. 영상물은 매우 짧은 내용이지만 암사동 선사주거지의 역사와 발굴된 유물들에 대한 재미있는 이야기들을 들려줍니다.

그리고 신석기인들이 불을 피우던 원리에 대해 간단한 체험을 할 수 있는 장소가 마련되어 있으니 아이들과 체험해보세요. 야외 공간에서 보았던 움집도 보다 상세하게 살펴볼 수 있도록 모형이 만들어져 있습니다. 또한 이곳에는 빗살무늬토기를 제작하는 과정과 신석기인들의 장례문화에 대해서도 살펴볼 수 있습니다.

빗살무늬토기의 제작과정과
지역별로 모양이 다양한 토기 완성품

우리가 교과서에서 보았던, 신석기시대를 대표하는 빗살무늬토기는 바로 암사동에서 출토된 것입니다. 그러나 앞장의 그림에서와 같이 동해안 지역에서 출토된 빗살무늬토기들은 우리가 알던 빗살무늬토기와는 완전히 다른 모양입니다. 이렇듯 빗살무늬토기들은 지역에 따라 그 특징이 다르답니다.

전시관을 다 돌고 나오면 선사문화 체험을 할 수 있는 체험 코너가 있습니다. 이곳에서는 탁본 뜨기와 퍼즐 맞추기를 할 수 있고, 출구 왼편으로는 유료로 체험활동을 할 수 있는 코너도 있습니다. 아이들과 도자기에 색칠을 하고 유약을 발라 말리면 근사한 목걸이를 만들 수 있는 체험 코너도 있고, 찰흙을 사용하여 빗살무늬토기 및 움집을 만들어보는 코너도 운영하고 있는데, 빗살무늬토기는 난이도가 있는 편이라 초등학생 이상의 어린이들에게 권하고 싶습니다.

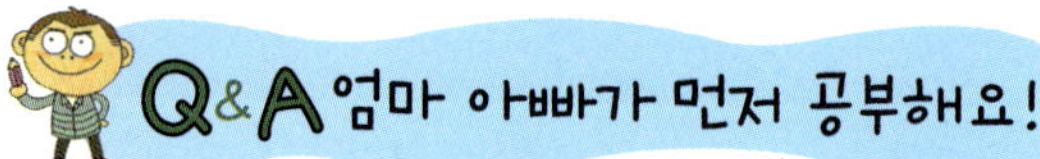


### Q. 신석기시대를 왜 신석기 혁명이라고 불러요?

약 1만 년 전 지구는 빙하기의 막바지인 후빙기를 맞이합니다. 온 세상이 꽁꽁 얼어붙었던 빙하기도 서서히 막을 내리고 기온이 상승하면서 농사짓기가 가능해진 것이지요. 수렵, 채취, 어로생활을 하며 이곳저곳을 전전해 다니던 인류는 이즈음부터 농경기술을 터득하기 시작했습니다. 그리하여 농사짓기 적당한 땅을 찾아 한곳에 정착하여 생활하게 되는데, 이 시기를 신석기시대라고 부릅니다. 구석기시대를 약 69만여 년이나 보내고서야 비로소 신석기시대를 맞게 된 것이죠. 그래서 우리는 신석기시대를 이른바 '혁명의 시대'라고도 부릅니다. 영국의 산업혁명으로 인류가 눈부신 경제발전을 이루고 프랑스혁명을 통해 민주주의의 첫발을 내딛었듯이 인류는 농경으로 인하여 문화 전반에 걸쳐 혁명을 이루어냈습니다.

농경이 가져온 생활의 변화는 일일이 열거할 수가 없을 정도입니다. 일단 농기구들을 만들었는데, 보다 많은 수확량을 얻기 위해서 석기가 매우 정교해졌습니다. 그래서 신석기인들은 뗀석기식 제작방법을 버리고 넓찍한 숫돌에다가 떼어낸 돌조각을 정교하게 갈아서 보다 뛰어난 성능을 만들어낼 수 있는 간석기를 제작하게 됩니다.

또 잉여농산물을 보관할 그릇이 필요해지자 토기를 만들었습니다. 초기의 토기는 낮은 온도에서 구워냈기 때문에 잘 부서졌지만 곡식을 저장하기에는 충분했고, 심지어 화덕에 올려놓고 물을 부어 갈돌에 간 곡식을 죽처럼 만들어 먹을 수도 있었습니다. 또한 바다에서 잡아온 조개로 탕을 끓일 수도 있었습니다.

그뿐만이 아닙니다. 간석기의 종류가 점점 다양해지자 바다나 강에서 물고기를 대량으로 잡을 수 있는 그물추를 고안해서 그물로 한꺼번에 많은 물고기를 잡아올릴 수 있게 됩니다.

보다 정교해진 간석기로 가락바퀴를 제작하여 실을 자아냄으로써 옷을 만들어 입기도 합니다. 농경은 이렇게 생활 전반에 걸쳐 혁신적인 변화를 가져옵니다. 지금 우리가 농사지을 때 사용하는 도구들은 석기시대에 제작하여 사용한 도구들과 그 모양이 별반 다르지 않습니다.

## Q. 문자가 없던 신석기 시대의 생활상이 세상에 어떻게 알려졌나요?

문자가 없던 시절에 사람들은 바위에 그림을 그리거나, 흙으로 인형을 빚거나, 먹고 남은 짐승의 뼈에 그림을 그리는 등 여러 가지 예술 활동을 하였습니다. 우리나라의 대표적인 신석기시대의 벽화로는 울산에 있는 '반구대 암각화'를 들 수 있습니다. 바위에 그려진 여러 가지 모습을 통해서 당시 그 지역 사람들이 어떻게 생활하였고, 주로 어떤 짐승을 사냥했는지, 어떤 도구를 써서 생활했는지를 알 수 있습니다.

또한 출토되는 유물을 보고도 알 수 있습니다. 신석기인들은 주로 해안가에서 조개를 잡아먹은 후 껍데기를 버렸는데 그것이 쌓인 것을 패총이라고 합니다.

그런데 비가 올 때마다 조개껍데기 속의 칼슘과 석회질 성분이 신석기인이 버린 뼈를 더 단단하게 만들고, 토양을 알칼리성으로 변하게 했기 때문에 당시 생활상이 잘 보존되었다가 현대에 출토된 것입니다. 우리는 이런 과정으로 인해 발견된 유물들을 보고 그 시대의 생활 문화에 대해 짐작할 수 있는 것입니다.

## Q. 암사동에서 발굴된 빗살무늬토기는 왜 끝부분이 뽀족한가요?

빗살무늬토기 모형

암사동 선사주거지 전시관에 가면 빗살무늬토기를 많이 찾아볼 수 있습니다. 이는 모두 움집터에서 쏟아져 나온 토기인데, 신석기시대를 대표하는 토기라고 할 수 있습니다. 그런데 질문한 것처럼 토기의 아랫부분이 평평하지가 않습니다. 도대체 왜 저렇게 토기를 만들었을까 궁금할 수 있습니다.

암사동 선사주거지에 가게 되면 움집에 놓여 있는 빗살무늬토기를 자세히 살펴보세요. 구덩이를 파고 자리에 꽂혀 있는 모습을 볼 수 있을 겁니다.

신석기시대에 사용하던 빗살무늬토기는 수확한 곡식을 저장해서 보관하던 그릇이었습니다. 혹은 양쪽에 구멍을 뚫고 끈을 꿰어 음식물을 옮길 때 사용하기도 했지요. 조리를 할 때에도 끝이 뽀족했기 때문에 화구에 끼워서 음식을 만들어 먹기에도 편리했죠.

그럼 토기의 바깥 면에는 왜 그렇게 촘촘하게 빗살무늬를 새겨 놓았을까요? 토기는 낮은 온도에서 구워지는 그릇이기 때문에 쉽게 갈라질 수 있는데, 그 갈라짐을 미연에 방지하기 위해서 빗금을 그어 구운 것이라고 합니다.

## 아이들을 위한 웰빙 음식점  강영숙 봉평메밀촌

**주소** 서울 강동구 암사1동 461  |  ☎ 02-481-0378

강영숙봉평메밀촌은 암사동 선사주거지 주차장에서 나와 우회전해서 가다가 다시 좌회전을 하면 쉽게 찾을 수 있는데, 강릉식 메밀막국수를 주메뉴로 합니다. 메밀막국수, 메밀전, 메밀 왕만두와 꿩 만두, 수육 등을 먹을 수 있으며, 시원하고 새콤하면서도 메밀 본연의 쌉싸래한 맛을 즐길 수 있는 물막국수와 비빔막국수가 제대로인 맛집입니다. 양도 많지만 맛도 워낙 좋아서 추가로 사리를 시켜먹게 됩니다. 막국수 외에도 메밀전이나 메밀로 만든 만두도 추천합니다.

## 암사동 선사주거지 관람안내

| 구분 | | | | 비고 |
|---|---|---|---|---|
| 이용시간 | 1~12월 | 관람시간 | 09:30~18:00 | • 아침시간 무료개방<br>2010년 09월 30일까지 (05:30~09:00)<br>• 정기휴일<br>1월 1일과 매주 월요일<br>(공휴일인 경우 익일) |
| | | 매표시간 | 09:30~17:30 | |
| 입장료 | 어른<br>(18~64세) | 개인 | 500 | • 무료입장 대상<br>7세 이하 어린이, 65세 이상 노인,<br>국가유공자, 장애인, 국민기초생활수급자<br>• 단체는 30인 이상 |
| | | 단체 | 400 | |
| | 초·중·고등학생<br>(7~17세) | 개인 | 300 | |
| | | 단체 | 200 | |
| 주차장<br>이용요금 | 차종 | 경차 | 1,000 | • 이용시간 (09:30~18:00)<br>• 대형차는 25인승 이상 |
| | | 소형차 | 2,000 | |
| | | 대형차 | 4,000 | |

# 한성 백제의 찬란한 역사 속으로!
# 풍납토성과 몽촌역사관

**| 4-2 사회 |** 백제의 도읍지에 대하여 알아보자.

**| 5-2 사회 |** 전해오는 건국 이야기들을 조사하여, 그 속에 나타나 있는 공통점을 살펴보자.

**| 6-1 사회 |** 고구려, 백제, 신라 세 나라의 성장 과정을 비교해보자.

**| 6-2 국어 |** 백제 시조 온조의 탄생과 백제 건국 과정에 대하여 알아보자.

## 추천 코스 (당일)

**출발** ▶ 풍납동 풍납토성 ▶ 방이동 고분군 ▶ 석촌동 고분군 ▶ 점심식사 ▶ 올림픽공원 몽촌역사관 ▶ 올림픽공원 토성 트레킹

송파구 방이동 일대에 분포되어 있는 한성 백제 유적지들은 당일 코스로 돌아보기 쉽습니다. 올림픽공원에는 다양한 전시물이 잘 조성되어 있고, 방이동 일대에는 유명한 맛집도 많아서 당일 나들이의 재미를 더합니다.

지방에서 서울로 여행을 왔다면 올림픽공원을 조망할 수 있는 '올림픽 파크텔' 같은 숙소도 있어 편리합니다.

한성 백제 여행을 마무리하는 올림픽공원 몽촌토성 트레킹 코스를 따라 걷다 보면, 아름다운 자연과 더불어 호흡하는 도심지 여행의 즐거움을 만끽할 수 있습니다. 아이들과 함께 이 길을 산책하며 즐거운 시간을 보내면 미국의 센트럴파크도 부럽지 않습니다.

몽촌역사관에 전시된 백제시대 허리띠 장식

# 풍납토성 한성 백제의 첫 번째 궁성

**주소** 서울 송파구 일대  |  **지하철** 5호선과 8호선 천호(풍납토성)역

**풍납토성의 흔적**

서울은 동서를 가로지르는 너른 한강을 끼고 있어 교통이 편리하고, 사방이 산으로 둘러싸여 있어 적들을 방어하기에 용이했습니다. 땅이 기름지고 양분이 풍부해서 농사가 잘되었기 때문에 선사시대부터 많은 사람들이 모여 살았으며, 조선에 이르러서는 한 나라의 도읍지로서의 면모를 발휘했던 곳이기도 합니다. 옛 위례성이 위치해 있던 풍납토성은 백제 초기의 토성으로 지금은 많이 소실되었지만 예전에는 그 높이와 규모가 어마어마했다고 합니다.

풍납토성은 궁궐터, 몽촌토성은 제2의 방어선으로 여겨지고 있으며 지금은 그 규모가 많이 축소되어 정확한 형태는 알아보기 힘들지만 한성 백제의 풍요롭고 아름다웠던 옛 흔적을 조금이나마 짐작해볼 수 있습니다.

풍납토성처럼 평지에 쌓는 성은 매우 견고하고 웅장해야 합니다. 평지는 적에게 함락되기 쉽기 때문에 끝도 없이 높이 쌓을 수밖에 없는 것이지요. 풍납토성은 축조할 당시에는 지금과는 달리 높은 지반 위에 지어졌을 것입니다. 하지만 1,700여 년 이상의 오랜 세월이 흐르면서 풍화작용을 거치게 되었고, 지금은 그 흔적이 조금밖에 남아있지 않습니다.

단순히 생각했을 때는 토성이 쉽게 무너지리라 생각할 수 있지만, 짚을 섞어 벽돌

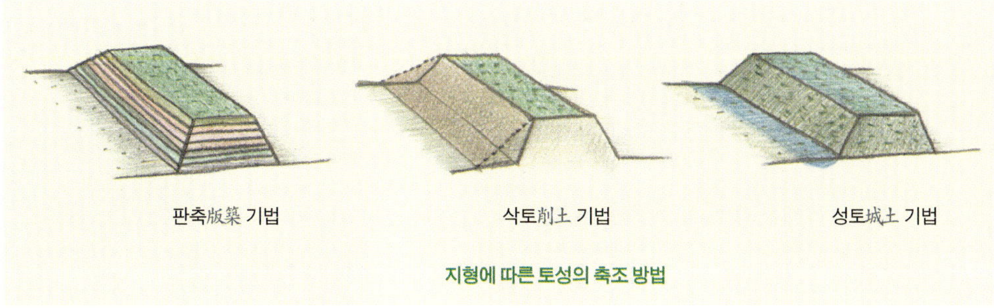



**지형에 따른 토성의 축조 방법**

모양으로 이긴 흙을 지그재그로 차곡차곡 쌓아올린 토성의 견고함은 석성 그 이상이었습니다. 이와 같은 토성의 건축기법을 '판축 기법'이라고 합니다. 백제는 이것으로도 모자라 드넓은 한강을 해자로 삼았고, 풍납토성이 함락되었을 경우를 대비하여 해자로 둘러싼 몽촌토성을 그 주변에 더 축조했습니다.

이중으로 도읍지를 방어했던 백제는 건국 이후 찬란한 한성문화를 꽃피웠습니다. 지금은 풍납토성이 대부분 유실되어 매우 낮아진 상태이며, 보존 상태가 좋은 풍납토성을 보려면 천호동 쪽으로 가면 됩니다. 그러나 주차장이 협소하고 차량이 대거 이동하는 곳에 있어서 찬찬히 둘러보기에는 아쉬움이 많이 남습니다.

기름진 옥토를 고구려, 신라보다 먼저 장악한 백제! 삼국은 이 서울 땅을 놓고 치열한 전투를 벌였습니다. 한 나라의 전성기는 한강 유역을 차지하느냐 못하느냐로 나누어졌습니다. 한강 유역은 중국과 문물교류를 할 수 있는 천혜의 요충지였기 때문입니다. 특히 전략적으로 그 어떤 나라보다 우세했던 고구려는 호시탐탐 한강 유역을 차지하고자 애를 씁니다. 결국 백제는 남진정책을 적극적으로 추진하던 장수왕에 의해 성이 함락당하고 개로왕이 비참한 죽음을 맞는 것으로 한성 백제시대의 막을 내린 후, 다음 도읍지인 웅진(지금의 공주)에서 새로운 비상을 준비합니다.

## Q. 백제는 어떻게 세워졌나요?

백제의 건국 이야기는 우리가 잘 알고 있는 주몽으로부터 비롯됩니다. 주몽에게는 훗날 소서노와 결혼하여 낳은 온조와 비류 외에도 부여에 남겨두고 온 유리라는 아들이 있었습니다. 유리를 부여에 남겨놓고 도망치듯 고구려 땅으로 와서 나라를 세웠던 주몽은 늘 아들에 대한 미안함과 그리움이 많았습니다.

유리는 아버지가 없는 아이로 손가락질당하며 자라다가 어느 날 본인에게도 훌륭한 아버지가 계시다는 것을 알게 됩니다. 유리가 훌륭하게 성장하자 어머니는 아들에게 주춧돌 아래에 감추어 두었던 조각난 칼을 꺼내줍니다. 주몽은 간직하고 있던 칼과 자신을 찾아온 유리의 칼을 맞추어보고 나서 맏아들이 훌륭하게 자라 돌아온 것을 기뻐하며 다음 후계자로 유리를 세웁니다.

그러면 둘째 부인 소서노의 소생이었던 온조와 비류는 어떻게 되었을까요? 왕위 경쟁에서 밀려난 두 사람은 고구려를 떠나 새로운 땅을 개척하게 되었습니다. 형이었던 비류는 지금의 인천 지역인 '미추홀'을 도읍으로 정해 나라를 세웠고, 동생인 온조는 지금의 한강 유역(서울 송파구 일대)에 도읍을 정해 '십제(후에 백제로 이름을 바꿈)'라는 나라를 건국합니다. 비류가 세운 나라는 토양에 바닷물이 유입되어 농사를 짓기에 부적합했고, 식수가 부족하여 각종 질병과 기근에 시달려야 했습니다. 백성들은 온조가 세운 나라로 하나둘씩 도망을 쳤고, 비류는 스스로 목숨을 끊었습니다.

반면 온조가 세운 나라는 한강이 흘러 물이 풍족하였고 땅이 기름져 농사가 잘 되고 백성들의 삶이 날로 윤택해졌습니다. 고구려 장수왕이 백제를 침공하여 개로왕이 죽고 도읍을 웅진(지금의 공주)으로 옮기기 전까지 백제는 한성 땅에서 풍요와 번영을 누렸습니다.

풍납토성은 초기 백제의 궁성 모습을 살필 수 있는 유적이어서 역사적으로도 그 가치가 매우 높습니다. 처음 발견된 것은 1925년의 대홍수 때였지만, 당시만 해도 백제의 도읍지가 정확하게 어디였는가를 놓고 학자들 사이에서 의견이 분분했습니다. 그러다가 1997년 서울 풍납동의 아파트 건설 과정에서 궁궐터로 짐작되는 곳이 발견되면서 많은 유물들이 발견되었습니다.

# 방이동 고분군 사적 제270호로 지정된 백제 탐방코스

**주소** 서울 송파구 방이동 산 47-4 | ☎ 02-2147-3729

방이동 고분군에 대한 의견은 매우 분분합니다. 그래서 백제 탐방코스에 이곳을 넣을까 말까를 많이 고민했습니다.

무덤 내부에는 비록 벽화도 없고 유물들도 다 도굴되었지만 송파구 일대의 유적들 중에서는 비교적 잘 정리된 유적이어서 코스로 잡아보았습니다.

서울 송파구 일대는 백제시대의 집 자리와 무덤들, 그리고 각종 생활도구들이 거듭 출토되었고 무덤의 규모 역시 왕족의 것으로 짐작될 정도로 거대하기에 백제 초기의 왕들의 무덤이라는 의견이 많았습니다. 그러나 실제로 이곳은 신라의 무덤 양식을 따르고 있어 6세기 이후 신라가 한강 유역을 점령한 이후의 무덤들이 아닐까 하는 주장이 더욱 설득력을 얻고 있습니다.

방이동 고분군의 외관과 내관

# 석촌동 고분군 사적 제243호로 지정된 백제인들의 무덤

**주소** 서울 송파구 석촌동 61-6 | ☎ 02-2147-3730

송파구 석촌동은 예로부터 돌무더기가 많다고 하여 '돌마을'로 불리었습니다. 일제시대에는 89기의 무덤들이 있었는데, 사람들은 그 돌무더기들이 백제 초기의 무덤인 줄 모르고 무덤 위에 집을 짓고 살기도 했고 밭을 일구어 농작물을 수확하기도 하였습니다. 그래서 지금 남은 무덤은 8기에 지나지 않습니다. 이 사진은 지금 현재 석촌동 고분군에 남아있는 무덤입니다.

이 무덤을 얼핏 보면 고구려의 옛 무덤인 장군총과 흡사합니다. 규모로 보나, 돌을 쌓아올려 만든 양식으로 보나 고구려인의 무덤같이 보이지만 석촌동 고분군은 백제인들의 무덤이 맞습니다.

그렇다면 백제 초기의 사람들은 왜 고구려 양식을 본떠서 무덤을 만들었을까요? 일부러 무덤 모양을 본떠서 만든 것이 아니라, 백제인들은 원래 고구려와 한 핏줄이었기 때문에 초기 무덤들이 고구려 양식으로 만들어진 것입니다. 백제를 건국한 온조왕은 고구려를 건국한 주몽의 아들이니까요. 후대의 백제 왕들도 처음에는 고구려와 한 핏줄이었음을 강조하였습니다.

석촌동 고분군을 방문하게 되면 상주하고 있는 문화 해설사에게 무료 해설을 청해보기 바랍니다. 석촌동 고분군에 얽힌 재미있는 이야기들을 들을 수 있을 것입니다.

# 몽촌토성

유네스코 세계문화유산으로 지정된 백제 초기의 토성터

**주소** 서울 송파구 오륜동 88-3 | ☎ 02-424-5138

1988년 서울올림픽을 위해 공원 조성을 하다가 발견된 사적 중 하나가 몽촌토성입니다. 몽촌토성은 올림픽공원 안에 보존되어 있으며 사시사철 풍광이 아름다워 사진 마니아들과 가족 단위의 나들이객이 끊이지 않는 곳이기도 합니다.

올림픽공원의 소마미술관에서 왼쪽으로 꺾어져 들어가면 토성 산책로로 들어가는 입구가 있습니다. 사실 어디서 출발하느냐는 별로 중요하지 않습니다. 토성에 오르면 공원 전체가 한눈에 들어오는데, 그 아름다운 풍광에 감탄을 금치 못할 것입니다.

백제 초기의 성임과 동시에 우리나라에서 발견된 초기 성곽의 형태이기 때문에 수원화성 같은 화려한 방어시설들은 없지만 나름대로 성의 전형적인 형태(해자, 목책)가 잘 갖추어져 있어 흥미를 더합니다. 백제의 궁성이었던 풍납토성이 함락된다면 바

로 다음 목적지는 몽촌토성입니다. 그래서 한강이라는 강 자체를 해자로 사용했던 풍납토성과 달리 몽촌토성은 둘레를 파서 물을 흐르게 하는 인공 해자를 조성함으로써 적의 공격을 막은 것이랍니다. 토성을 산책하며 토성에 관한 이야기를 나누다 보면 2.4km 트레킹 코스는 아이들에게 그리 힘든 코스가 아닐 겁니다.

# 몽촌역사관 한성 백제의 역사를 한눈에 보다

**주소** 서울 송파구 방이동 88-3 | ☎ 02-424-5138 | http://www.museum.seoul.kr/kor/mch/1172550_559.jsp

**몽촌역사관 전경과 전시 유물 모형**

몽촌역사관은 한성 백제의 유적과 유물들을 한곳에 모아 전시한 작은 박물관입니다. 규모는 작지만 백제 문화를 한눈에 볼 수 있는 곳이므로 아이들의 학습에 무척 도움이 됩니다.

입구에 들어서면 영상관이 나오는데, 잘 만들어진 자료이므로 박물관 직원에게 부탁해서 영상물을 먼저 관람하고 전시관을 둘러볼 것을 권합니다.

초기 백제의 집 자리(청동기시대의 움집 형태)와 다양한 무덤 양식들(특히 방이동 고분군을 직접 방문했을 때는 볼 수 없던 내부 모습을 전시하고 있음), 몽촌토성에서 발견된 토기 및 다양한 백제 유물들을 전시하고 있습니다.

이곳은 입장료가 없고 매주 월요일과 공휴일에 휴관하며, 3~10월까지는 오전 10시에서 오후 5시까지, 11~2월까지는 오후 4시까지만 운영합니다.

## 올림픽공원의 다양한 체육시설들

운동할 공간이 협소하여 위험한 장소에서 인라인스케이트나 킥보드, 자전거를 타는 어린이들을 보면 제 마음이 다 조마조마합니다. 올림픽공원은 평화의 문을 중심으로 넓게 인라인광장이 펼쳐져 있고, 겨울에는 아이스링크가 조성되어 피겨 선수처럼 우아하게 스케이트를 즐길 수도 있습니다.

드넓은 공원부지에서 즐기는 다양한 레저 활동도 재미있지만 수영장 같은 운동시설도 함께 이용할 수 있어 공원을 드나드는 재미를 더합니다. 올림픽공원 수영장은 자유이용이 가능한데, 다이빙 자격증이 있는 분들은 5m 규모의 풀을 이용하여 자유롭게 유영하는 딥 스위밍(Deep swimming)도 가능합니다.

## 아이들과 함께 가면 좋은 소마 미술관

**주소** 서울 송파구 방이동 88-2 | ☎ 02-425-1077 | http://www.somamuseum.or.kr

**소마 미술관 입구**

소마미술관이 있는 올림픽공원은 세계 5대 조각공원으로 손꼽힐 만큼 아름다운 조형물들로 가득합니다. 자연광이 투과하도록 설계된 소마 미술관에 들어서면 다양한 작품을 만날 수 있는데요. 그중 백남준 선생님의 비디오아트 작품 전시홀은 단연 눈에 띕니다.

또한 소마미술관은 어린이들을 위한 재미있는 특별전시를 늘 기획하고 있어 가족 단위로 방문하는 분들에게 좋습니다. 홈페이지에 자세한 전시일정을 올려놓고 있으니 미리 확인하시면 도움이 됩니다.

| 구분 | 개인 | 단체 | 비고 |
|---|---|---|---|
| 성인 | 12,000 | 10,000 | • 관람시간 : 10:00~18:00<br>• 휴관 : 1월1일, 설날과 추석 당일<br>• 입장구분 : 성인은 19~64세, 청소년은 13~18세, 어린이는 4~12세까지입니다. |
| 청소년 | 10,000 | 8,000 | |
| 어린이 | 8,000 | 6,000 | |

## 국내 최대 규모의 유스호스텔 올림픽파크텔

**주소** 서울 송파구 방이동 88-8 | ☎ 02-410-2114 | http://www.parktel.co.kr/

올림픽공원 주변에 위치한 올림픽파크텔은 청소년 위주의 단체 여행객들이 방문하기도 하고, 지방에서 올라온 가족 단위의 고객들도 투숙이 가능합니다. 유스호스텔 느낌이 들지 않는 단정하고 깨끗한 시설과 호텔급 서비스는 올림픽파크텔의 자랑이며, 객실 중에는 올림픽공원을 조망할 수 있는 전망 좋은 객실도 마련되어 있습니다.

## 씨푸드 레스토랑 후레쉬 하우스

**주소** 서울 송파구 방이동 88-1 올림픽프라자 | ☎ 02-416-0606 | http://www.freshhouse.co.kr/

신선한 샐러드, 스시와 롤, 생선회, 피자와 스파게티, 샤브샤브와 같은 다양한 즉석요리도 있지만 스테이크, 게살케이크, 메로구이, 닭꼬치, 각종 튀김, 신선한 반찬들과 차갑고 뜨거운 여러 종류의 퓨전음식들을 한자리에 모아놓은 맛있는 뷔페입니다.

신선할 뿐만 아니라 다른 씨푸드 레스토랑에 비하여 가격도 합리적이어서 손님들로 늘 북적입니다. 식사할 계획이 있는 분은 미리 전화로 예약을 하고 방문하는 게 좋습니다.

올림픽공원 안에 위치한
후레쉬 하우스

## 매콤한 해산물 볶음요리가 일품인 살라타이

**주소** 서울 송파구 신천동 7-18 롯데캐슬프라자 2층 | ☎ 02-2146-2407 | http://www.thai-suki.co.kr/

태국음식을 맛보고 싶은 분들께 추천하는 레스토랑입니다. 아이들이 좋아하는 태국식 볶음밥 카오팟꿍과 카레를 넣은 게 요리인 풋팟퐁커리, 맑은 쇠고기 국물에 먹는 쌀국수, 화끈한 불맛이 느껴지는 매콤한 해산물 볶음요리인 팟펫탈레 등 마치 방콕을 여행하는 듯한 느낌이 물씬 풍기는 맛있는 타이 요리를 맛보면 여행을 알차게 마무리하는 듯한 행복감을 느낄 수 있습니다.

살라타이의 맛있는 요리, 팟펫탈레

강원도의 구수한 고향 풍경  삼척 너와마을

작은 박물관들의 다양한 볼거리!  영월

오죽헌 이야기가 파도 소리에 실려 오는 곳  강릉

# PART 2

# 강원도로 떠나는 교과서 여행

# 강원도의 구수한 고향 풍경
# 삼척 너와마을

| 3-2 사회 | 농기구나 생활도구 등 처음 접하는 옛날 물건의 용도에 대해 알아보자.
| 5-1 사회 | 우리 조상들은 추위와 더위를 막기 위하여 어떤 집을 지었는지 살펴보자.
| 5-1 과학 | 두부 만들기를 통해 책에서 배운 혼합물 분리과정을 알아보자.
| 6-1 사회 | 조선 후기 실학자인 박제가의 『북학의』를 통해 화전민들의 삶을 살펴보자.

## 추천 코스 (1박 2일)

**출발** ▶ 점심식사 ▶ 너와마을 도착 및 체험 프로그램 참여 ▶ 저녁식사 ▶ 1박 후 오전 체험 프로그램 참여 ▶ 점식식사 ▶ 귀가

삼척 너와마을은 화전민들이 모여 살던 마을입니다. 그 옛날에는 산에 불을 질러 땅을 일구고 농사를 짓다보니 마을에 화재가 끊일 날이 없었다고 합니다. 그래서 '부쇳골'이라는 이름 대신 '새로울 신, 마을 리'라는 한자어를 이용해 '신리(新里)'라는 이름을 붙여 더 이상 불이 나지 않기를 기원한 것이지요.

지금은 민속문화재 제33호로 지정된 너와집과 물레방아, 통방아가 원형 그대로 보존되어 있는 민속마을로 유명해져서 주말마다 많은 관광객들이 방문합니다.

산을 일구어 농사를 짓던 논과 밭은 어른들에게는 고향의 아늑함을 선물하고, 아이들에게는 다양한 체험의 장이 됩니다. 특히 도시의 아이들에게는 폐교에서 신나게 공을 차거나, 물고기를 잡거나, 구수한 손두부를 만들어 보거나, 굴렁쇠를 굴리거나, 산양에게 먹이를 주는 등의 신나는 체험이 평생 잊지 못할 추억이 됩니다.

너와마을에서의 산양 먹이 주기 체험

# 신리 너와마을
**따스한 고향 풍경이 그대로 살아있는 곳**

**주소** 강원도 삼척시 도계읍 신리2반 | ☎ 033-552-1659 | http://neowa.invil.org

신리 너와마을 풍경

조선 후기, 양반들의 부정부패와 혼란한 정치 상황의 희생양이 되었던 선량한 백성들은 가혹한 세금과 착취를 견디지 못하고 두메산골 오지마을로 들어가 화전민이 되었습니다. 화전민들의 척박하고 어려운 삶은 조선 후기 실학자를 대표하는 박제가의 『북학의』 속에 잘 나타나 있습니다.

두메산골의 백성들은 화전을 만들고 나뭇가지를 자르느라 열 손가락이 모두 무지러지고, 해진 솜옷을 10년 넘게 입고 있었습니다. 집은 허리를 굽혀야 들어갈 수 있고, 연기에 그을리고 흙으로 바르지도 않았습니다. 그리고 깨어진 주발에 밥을 담았으며, 소금도 치지 않은 나물이 반찬이었습니다. 부엌에는 나무 숟가락과 물동이만 있어 그 까닭을 물어 보니, 쇠가마와 놋숟가락은 빌린 쌀 대신 넘겨 주었다는 것입니다.
 　　　　　　　　　　　　　　　　　 – 박제가의 『북학의』 중에서 –

### 너와집 구경하기　너와집이 문화재로 지정되다!

"정말 신기해요. 강원도 집은 흙을 구워 만든 기와집이 아니라 나무를 기와처럼 잘라서 만들었어요!"

큰아이가 너와집을 보고 했던 말입니다. 강원도 산간지방 전통가옥의 상징인 너와집은 이제 거의 다 소실되고 신리의 민속문화재 제33호 너와집을 포함하여 그 수가 얼마 남아있지 않기에 더욱 소중한 문화유산이 되었습니다.

신리 너와마을에는 경운기를 타고 동네 구경을 하는 체험학습 프로그램이 있어서 너와집의 가옥 구조에 대해 설명도 듣고 너와집을 직접 살펴볼 수도 있습니다.

민속문화재 제33호로 지정된 신리 너와집

그런데 보통 농촌의 서민들은 짚으로 지붕을 이은 초가집을 지었는데, 왜 강원도에서는 나무로 지붕을 이었을까요? 산간지방인 강원도에서는 짚보다는 나무가 더 구하기 쉬운 재료였기 때문입니다. 너와집은 나무판들 사이에 바람이 솔솔 통하는 틈새가 있어서 여름에 무척 시원했습니다. 그뿐만 아니라 겨울에는 지붕에 눈이 소복하게 쌓여 오히려 찬 기운이 들어오지 못하게 함으로써 보온 효과도 겸할 수 있었습니다. 또한 나무는 물을 머금으면 팽창하기 때문에 장마철에도 빗물을 머금어 비가 새어들지 않았습니다. 집 한 채를 짓더라도 과학적 원리를 응용했던 우리 조상들의 지혜가 돋보입니다.

## 굴렁쇠 굴리기  너와마을에서 즐기는 민속놀이

최근 들어 전통문화에 많은 관심을 가지기 시작하면서 민속촌이나 박물관, 전통마을 등 어디를 가도 민속놀이를 즐길 수 있는 기회가 생겼습니다. 협동심을 요구하는 우리의 민속놀이는 아이들의 정서와 뇌 발달에 큰 도움이 됩니다. 투호놀이, 굴렁쇠, 제기차기 등을 엄마 아빠와 팀을 나눠 해보면 그 재미가 두 배입니다. 서로 응원하며 최선을 다하게 되는 민속놀이는 추위도 더위도 배고픔도 잊게 합니다.

굴렁쇠 굴리기

## 삼굿구이  강원도 전통음식 만들기

삼을 쪄서 실을 뽑아 옷을 지어 입었던 강
원도의 화전민들은 삼을 찌는 과정에서
감자나 옥수수, 고구마, 달걀 등을 함께 넣
어서 쪘다고 합니다.

강원도 같은 산간지역은 기후와 척박
한 토양으로 논농사를 짓기에는 부적합했
습니다. 그래서 감자와 옥수수를 주식으
로 삼았지요. 강원도 사람들을 '감자 바우'
라고 부르는 이유도 바로 이 때문입니다.

강원도의 전통 음식인 삼굿구이 만들기

주식인 감자와 옥수수를 쪄먹었던 방식 중 하나가 바로 삼굿구이입니다.

먼저 땅을 파고 그 안에 불을 피운 다음 돌을 뜨겁게 달구어 물을 뿌리면 증기가
나옵니다. 삼굿구이는 그 증기의 열기로 음식들을 익히는 요리법입니다. 관광객들
이 가면 감자와 옥수수 말고도 돼지고기까지 익혀서 먹을 수 있으니 너와마을에 가
면 아이들과 삼굿구이를 꼭 경험해보시기 바랍니다.


## 손두부 만들기  내 손으로 만든 안전한 먹거리

두부 만들기는 어른이든 아이든 모두가 좋아하는 체험 중 하나입니다. 다른 곳에서
도 두부 만들기 체험을 할 수는 있지만 너와마을에서 해보는 두부 만들기 체험은 특
별합니다. 실제 사람이 거주했었던 옛 모습 그대로, 시골 너와집 아궁이에 장작을
때고 커다란 가마솥에 물을 끓여 두부를 만들기 때문입니다.

아이들은 물이 끓는 동안 맷돌로 콩을 갑니다. 아이들이 정성스럽게 갈아놓은
콩물을 보자기에 넣어 거른 다음 기존에 미리 만들어둔 나머지 재료들을 같이 한데
모아 가마솥에 넣고 간수를 넣어 휘휘 저으면 두부가 조금씩 단단해지는데요. 그것
을 다시 보자기에 내리고 틀에 부은 후 꾹 눌러 굳히면 두부가 완성됩니다.

**두부 만들기 과정을 혼합물의 분리 실험과 비교해보자.**

5학년 1학기 과학책을 보면 혼합물을 분리하는 실험이 나옵니다. 흙탕물에서 흙과 물을 분리하는 과정, 소금물을 소금과 물로 분리하는 실험, 식용유와 물을 분리하는 실험 등을 통해 여러 가지 혼합물을 분리하는 원리를 파악하는 단원입니다.

그런데 두부 만드는 과정에도 혼합물을 분리하는 원리가 적용된다는 사실을 아시나요? 어떤 혼합물에서 양쪽 성분을 분리시키는 역할을 하는 물질을 촉매제라고 하는데요. 콩물 속에서 콩 단백질을 분리시키는 촉매제가 바로 간수입니다. 콩물에 간수를 넣어 휘휘 저으면 콩물 속에서 콩 단백질이 분리되는 것이지요. 그럼 두부 만들기 과정을 한번 살펴볼까요?

**맷돌에 콩 갈기**

**가마솥에 콩물 끓이기**

❶ 제일 먼저 할 일은 맷돌에 콩을 가는 일입니다. 그런데 참 재미있는 사실은 맷돌 손잡이 이름이 '어처구니'라는 것입니다. 맷돌을 돌리려고 곡식이랑 맷돌은 준비했는데 어처구니가 없으면 그야말로 황당한 상황이 됩니다. 우리는 이렇듯 어이없는 일을 당했을 때 '어처구니가 없다'고 말하지요. 바로 이 어처구니를 맷돌에 꽂고 가운데 구멍에 물에 불린 콩을 넣어 갈면 뽀얀 콩물이 흘러나옵니다.

❷ 곱게 간 콩물을 가마솥에 넣고 물을 부어 끓입니다. 모락모락 김이 날 동안 바깥에서 재미있게 민속놀이를 즐기면 좋겠지요?

❸ 콩물이 끓으면 간수를 넣고 휘휘 저어줍니다. 그러면 콩 단백질이 분리되어 동글동글 뭉쳐지는 모습을 눈으로 확인할 수 있습니다.

④ 깨끗한 천 보자기에 콩물을 내리면 물은 아래로, 콩 단백질은 천 위에 남지요.

⑤ 걸러낸 덩어리를 틀에다 넣고 나무 뚜껑을 닫고 꼭꼭 눌러줍니다. 그리고 단단하게 굳어질 때까지 기다려줍니다. 어느 정도 굳어진 것 같으면 틀을 빼고 알맞은 크기로 잘라줍니다. 그러면 고소하고 맛있는 손두부가 만들어집니다. 그것을 양념장에 콕 찍어 먹으면 그 맛은 말로 표현할 수 없을 정도랍니다.

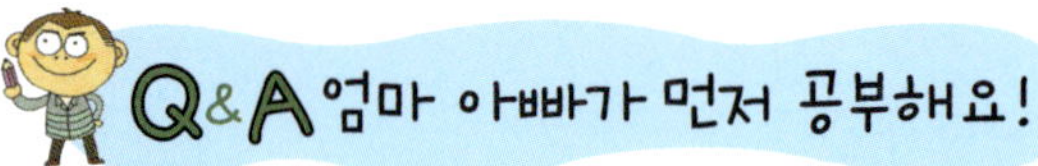


## Q. 코클과 두둥불이란 어디에 쓰는 물건인가요?

첫 번째 사진은 코클입니다. 코의 모양과 닮았다고 해서 '코골이'라고도 부르는 코클은 전기 없는 컴컴한 강원도 산간지역의 깊은 밤을 밝혀주는 호롱불 역할을 겸한 장치입니다. 원래는 굴뚝으로 연기가 나가도록 연기 구멍을 따로 빼서 집안에 그을음이 생기지 않았다고 하는데, 불을 밝히는 기능 외에도 방안 공기를 따스하게 만드는 보온 기능까지 겸했습니다.

두 번째 사진은 두둥불이라는 것인데요. 이는 부엌과 마루를 동시에 밝혀주기 위해 벽에 구멍을 내어 돌로 덧대고 그 위에 불을 밝혀두는 장치입니다.

북부지방은 추위를 피하기 위해 너와집 안에서 모든 생활을 했습니다. 그래서 너와집은 외양간과 화장실과 아궁이가 한데 모여 통으로 이루어진 가옥 구조였지요. 나무로 지어진 너와집은 방마다 불을 켜두면 화재가 끊이질 않았기에 이런 장치가 발달한 것이랍니다.

## Q. 피나무 김칫독과 설피란 어디에 쓰는 물건인가요?

첫 번째 사진은 피나무 김칫독입니다. 그런데 왜 김치를 나무통 속에 넣느냐고요? 옹기를 구울 수 없었던 화전민들은 주변에서 가장 구하기 쉬운 것으로 김치 저장고를 만들었습니다. 그것이 바로 아름드리 피나무를 잘라내 속을 파서 만든 '피나무 김칫독'입니다. 살아 숨 쉬는 나무로 김칫독을 만들었으니 옹기처럼 숨 쉬는 김칫독이 되었겠지요?

두 번째 사진 속의 설피는 눈이 많이 내리는 강원도 산간지역에서 신는 신발입니다. 이 신발에는 재미있는 과학적 원리가 숨어 있습니다.

설피는 바닥 부분이 눈에 닿아도 압력이 한 곳에 집중되지 않고 고루 분산되는 구조로 만들어져 있습니다. 이를테면 계란 하나에 올라서면 당연히 계란이 깨지지만, 계란 판 전체에 골고루 균형을 맞춰 올라서면 계란이 깨지지 않는 것과 같은 이치입니다. 그래서 설피를 신게 되면 운동화나 구두를 신을 때보다 눈이 덜 눌려져서 눈 위에서도 사뿐사뿐 걸을 수 있습니다.

피나무 김칫독과 설피

## 건강하게 숨 쉬는 집  너와마을 펜션단지

**주소** 강원도 삼척시 도계읍 신리 | ☎ 033-552-1659 | http://neowa.invil.org/servlet/farm/ContentsSrv

**팔각정 펜션 내부**

너와마을은 총 10채의 전통 너와집 모양 독채 민박 시설을 갖추고 있고, 세면 시설이나 내부 시설도 매우 깔끔하게 단장되어 있습니다. 내부에 컴퓨터를 갖춘 객실도 있으니 필요하면 예약한 후 이용할 수 있습니다.

대부분 숙소 가격이 체험비에 포함되어 있고 별도로 숙박만 하는 것도 가능하지만, 가격적인 면이나 아이들에게 추억을 제공해준다는 면에서 체험과 숙박을 겸하는 것이 좋습니다. 너와마을은 산간 오지이기 때문에 주변에 슈퍼마켓이 없습니다. 그러므로 필요한 물품을 미리 준비해서 가는 게 좋습니다.

## 향긋한 산나물이 입맛을 사로잡는  너와마을 식당

**주소** 강원도 삼척시 도계읍 신리 | ☎ 033-552-1659 | http://neowa.invil.org/servlet/farm/ContentsSrv

**향긋한 산채 비빔밥과 자연산 송이버섯**

너와마을 펜션단지에는 체험객들에게 식사를 제공하는 장소도 있습니다. 너와마을에서 직접 채취한 강원도의 싱싱한 산나물을 기본 반찬으로 하는데요. 맛이 제대로 든 구수한 된장찌개를 곁들여 먹는 식사는 체험비에 포함된 밥이라고 하기에는 너무나도 죄송스러울 정도로 정성스럽게 준비되어 나옵니다.

먹을거리가 고민이 되어 체험여행을 망설이는 분이라면 너와마을에서는 걱정하지 않아도 됩니다. 제철에 나는 산나물이야말로 몸에 좋은 보약과도 같으니까요. 너와마을에서 재배되는 머루 또한 특산물인데, 머루와인으로 만들어 판매하고 있습니다. 산나물과 송이버섯 그리고 둥글레차 역시 매우 유명합니다.

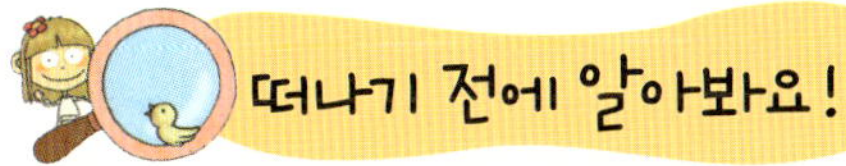

## 너와집 만들기

시중에 출시된 여러 가지 만들기 제품 중 '너와집 만들기 세트'가 있습니다. 실제 너와집과 똑같은 제작 기법으로 만드는 미니어처인데요. 끼워 맞추기 식이 아닌 실제 목재를 사용하여 만드는 것이라서 어려울 수 있으니 부모님이 함께 동참할 것을 권합니다.

사전 정보 없이 너와마을을 방문하는 것보다는 너와집 모형 만들기를 통해 집의 구조를 직접 익히는 것이 아이들의 관심도를 높이는 데에도 도움이 됩니다. 이처럼 사전 경험과 독서, 실제 체험이 어우러지는 학습법이야말로 어린이들이 할 수 있는 가장 좋은 프로젝트 학습법입니다.

## 산간 지역의 생활모습 조사하기

평야지역에서 살아가는 대부분의 도시인들은 산간지역의 생활모습이 매우 생소할 수 있는데요. 산간지역과 해안지역, 평야지역에서의 생활모습은 교과서에서 매우 비중 있게 다루어지는 부분입니다. 그러므로 너와마을로 여행을 떠나기 전에 목축, 광업, 고랭지 농사, 관광업, 약재 기르기 등의 여러 자료들을 모아 신문으로 꾸며 본다면 산간지역의 생활에 대해 아이들이 쉽고 빠르게 이해할 수 있을 겁니다.

〈영공방〉 너와집 만들기 키트

# 작은 박물관들의 다양한 볼거리! 영월

**추천 코스** (1박 2일)

**출발** ▶ 선암마을 한반도 지형(한반도 트레킹) ▶ 점심식사 ▶ 장릉(단종역사관) ▶ 영월 곤충박물관 ▶ 선돌 ▶ 청령포 ▶ 숙소에 짐 풀고 저녁식사 ▶ 별마로 천문대 ▶ 숙소에서 1박 ▶ 조선민화박물관 ▶ 스트로마톨라이트 찾아보기 ▶ 점심식사 ▶ 고씨굴 관람 ▶ 동굴 생태박물관 ▶ 귀가

고요함, 별, 박물관, 따뜻함, 래프팅, 단종, 동굴, 오지 여행, 맑음, 천문대……. 영월을 떠올리게 하는 말들은 무척 많습니다. 그만큼 영월은 마음에 잔잔한 울림을 주는 아름다운 여행지이지요.

그중에서도 저는 영월 교과서 여행의 테마를 박물관으로 잡아보았습니다. 최근 들어 다양한 테마를 주제로 삼고 있는 작은 박물관들이 속속 오픈하고 있어 교과서 여행을 하기에 아주 좋은 '작은 박물관의 천국'으로 부상하고 있기 때문입니다.

영월에 소재한 박물관들의 규모는 대부분 작은 편이지만, 전시물들이 알차고 다양하게 준비되어 있으므로 미취학 아동부터 초등학생까지 관람하기에는 참 좋습니다.

단종의 슬픔을 간직한 청령포

# 선암마을 한반도지형 영월에 있는 작은 한반도 찾기!

**주소** 강원도 영월군 한반도면 옹정리 산 180 | **뗏목체험 및 트레킹 문의** ☎ 033-370-2542, 010-9399-5060

**선암마을 한반도 지형**

우리나라에는 영월 말고도 한반도 지형을 닮은 지형이 몇 군데 더 있습니다. 영월의 동강에 위치한 어라연도 비슷한 형태의 지형입니다. 그러나 영월의 선암마을만큼 선명하게 한반도 지형을 닮은 곳은 없을 것 같습니다.

이곳을 처음 방문한 것은 비가 추적추적 내리는 초가을이었습니다. 우리 가족은 우산 두 개를 나누어 쓰고 열심히 전망대까지 올라갔습니다. 그렇게 힘겹게 도착한 전망대에서 바라본 한반도 지형은 참으로 아름다웠습니다. 빗물에 섞인 물안개 가득한 풍광은 말로 표현하기 힘들 정도였지요.

아이들은 전망대에서 독도도 찾아보고 (실제로 선암마을에는 독도주막이 있답니다), 남해와 서해, 동해도 찾아보고 우리가 살고 있는 서울도 찾아보면서 재미있게 지도공부를 하고 내려왔습니다. 이곳은 사유지여서 전망대까지 오르는 길을 잘 정비해놓았다고 할 수는 없지만 오르기에 그리 힘들지 않으니 가볍게 산책을 한다고 생각하면 좋습니다.

또한 선암마을에서는 '동해에서 서해까지'를 주제로 하는 한반도 트레킹과 뗏목체험도 주말마다 운영하고 있으니 아이들과 체험해보고 싶다면 미리 예약하는 것이 좋습니다.

# 청령포 단종의 슬픔을 간직한 작은 섬

**주소** 강원도 영월군 영월읍 방절리 243-4 ｜ ☎ 033-370-2657

장릉과 단종역사관 그리고 청령포, 이 세 군데의 장소와 연관된 인물은 누구일까요? 바로 단종입니다. 단종은 세종대왕의 뒤를 이은 문종이 일찍 승하하자 12세의 어린 나이로 왕위에 오릅니다. 그러나 파란만장한 왕권다툼 속에서 왕의 권위와 자리를 지키기에 너무 어렸던 단종은 결국 숙부 수양대군에 의해 왕위를 찬탈당하고 영월 청령포에 유배되었습니다. 그 후 17세의 어린 나이로 관풍헌에서 사약을 받고 짧은 일생을 마감합니다.

**단종의 초상**

제아무리 눈부신 절경이라 해도 나룻배를 타지 않고서는 건너가기 힘든 이곳에 갇혀 살았던 단종의 심정은 참으로 암담하고 서글펐을 것입니다. 지금도 청령포는 정기적으로 운행하는 배를 타야만 모래 위에 발을 내딛을 수 있습니다.

배에서 내려 모래밭을 잠시 걸어 들어가면 단종이 살았던 ‘단종어가’가 있는데요. 주위가 온통 울창한 솔숲이라 맑은 공기가 코끝을 찡하게 울립니다. 단종어가를 나와 걸어가다 보면 600여 년을 넘게 살았다는, 두 갈래로 갈라진 커다란 소나무가 나오는데 단종은 이곳에서 가끔 휴식을 취했다고 합니다. 그런데 단종이 승하하신 후 이 나무에서 오열하는 소리가 들렸다고 하여 ‘관음송’이라 불립니다.

관음송을 지나 청령포 뒷산을 오르면 단종이 왕비 송씨를 그리며 쌓았다고 전해지는 돌탑을 만날 수 있습니다. 기암절벽과 수려한 강이 만나 어우러지는 그림 같은 풍경 곳곳에는 어린 왕의 슬픈 이야기도 함께 남아 있습니다.

단종의 슬픔을 간직한 청령포는 ‘영월 10경’으로 손꼽힌 만큼 아름다운 비경을 자랑하는 곳이기도 한테요. 영월 10경은 장릉, 청령포, 별마로 천문대, 고씨굴, 선돌, 어라연, 한반도지형, 법흥사, 요선암, 요선정을 말합니다.

## 청령포 관람안내

| 구 분 | 어른 | 청소년(초·중·고)과 군인 | 경로 |
|---|---|---|---|
| 개인(단체) | 2,000 (1,600) | 1,200 (800) | 200 |
| 군민(단체) | 1,000 (800) | 600 (400) | |

- 요금에는 청령포까지 들어가는 도선료가 포함되어 있습니다.

# 장릉과 단종역사관  비운의 임금 단종이 고이 잠든 곳

**주소** 강원도 영월군 영월읍 영흥리 1086 | ☎ 033-370-2656

2009년 6월에 세계문화유산으로 등록된 장릉은 부지가 매우 넓고 아름다워서 산책코스로도 좋으며, 단종역사관에서는 짧은 생을 살다간 단종에 대해 역사적인 관점에서 공부하기 좋습니다. 그러므로 아이들과 함께 단종역사관을 방문할 때에는 단종 관련 영상자료를 꼭 관람하시기 바랍니다.

## 장릉 관람안내

| 구 분 | 어른 | 청소년과 군인 | 경로 | 군민 |
|---|---|---|---|---|
| 개인(단체) | 1,400 (1,200) | 1,200 (800) | 무료 | 50% 할인 |

- 장릉에 입장하면 단종역사관은 무료입니다.

# 영월곤충박물관 과학책의 곤충들이 모두 집합!

**주소** 강원도 영월군 북면 문곡리 604-1 | ☎ 033-374-5888 | http:// 곤충박물관.kr

예전에는 동네마다 맑은 실개천이 하나씩 있었습니다. 그래서 어른들은 학교가 끝나면 가방을 던져놓고 실개천에 들어가서 이리저리 돌도 들춰보고 작은 생물체도 잡아보며 하루 일과를 보냈던 추억이 있습니다.

영월곤충박물관 홈페이지

　사실 초등 교과서의 내용은 자연을 접하면 저절로 알게 되는 것들인데, 안타깝게도 요즘 아이들은 아파트나 주택이라는 작은 공간과 학교, 학원이 전부인 메마른 환경에서 지내고 있으니 이런 작은 추억 하나 안겨주는 일조차도 쉽지가 않습니다.

　1학년부터 6학년까지 과학책들을 쭉 들추어보면 개울이나 강, 바다에 사는 생명체들을 관찰하고 기록하며 조사하는 활동들이 많습니다.

　영월곤충박물관은 규모는 작지만 다양한 종류의 곤충을 관찰할 수 있음은 물론이고, 우리가 이제는 흔히 볼 수 없는 수생곤충(물속에 사는 곤충)까지 관찰할 수 있는데요. 이곳 수조에는 수생곤충들의 먹잇감인 작은 물고기들이 함께 들어 있어서 곤충들이 먹잇감을 사냥하는 모습도 관찰할 수 있어 아이들에게 특별한 볼거리가 됩니다.

## 영월곤충박물관 관람안내

| 구 분 | 어른 | 청소년(초,중,고) | 유치원 | 장애 | 군민 |
|---|---|---|---|---|---|
| 개인 | 4,000 | 3,000 | 2,000 | 1~2급 무료 | 50% 할인 |
| 단체 | 3,000 | 2,000 | 1,000 | | |

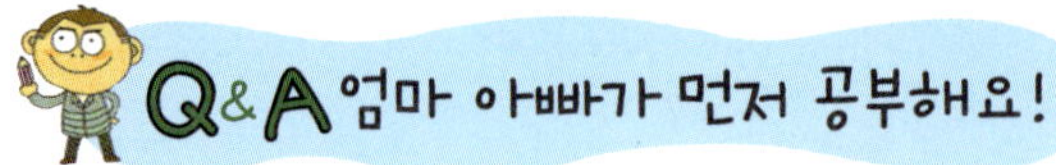


## Q. 물방개란?

몸길이가 3.5~4cm 정도 되며 딱딱한 등판을 가진 수생곤충입니다. 물에서 헤엄을 치며 살아가는데 암컷, 수컷 모두 육식성이라 물속에 사는 작은 물고기들을 잡아먹고 살아갑니다. 주로 한국, 일본, 중국, 타이완 등지에 분포하고 들판의 야산이나 하천, 늪 등지에 분포하는 것이 특징입니다.

## Q. 잠자리 유채(유충)란?

잠자리는 본격적인 성체가 되기 전에는 유충의 형태로 물에서 살아갑니다. 잠자리 유채는 강력한 위턱을 가지고 있어서 물속에서 주로 작은 곤충이나 물고기 등을 잡아먹고 살아가다가 물 밖으로 나와 탈피를 하게 되는데요. 그때 나타나는 모습이 바로 잠자리입니다.

## Q. 물땡땡이란?

딱정벌레목으로 몸길이가 3.3cm 정도 되는 수생곤충이며 주로 논이나 연못에 서식합니다. 물땡땡이는 주로 물에서 자라나는 수초를 먹고 사는데요. 넓적한 수초 잎을 잘게 씹어 부드럽게 만든 다음 먹어치웁니다.

## Q. 장구애비란?

물 위에서 덤벙거리는 모습이 장구 치는 모습과 똑 닮은 장구애비는 맑은 물보다는 고인 물을 더 좋아하고, 주로 밤에 나와 먹잇감을 찾습니다. 장구애비는 순하게 생긴 모양새와 달리 육식곤충이고, 주로 수생곤충이나 물고기를 먹이로 삼습니다. 장구애비에게 잡힌 생물은 체액을 빨아 먹혀 나중에는 빈 껍질만 남습니다.

예선에는 물방개만큼이나 많이 볼 수 있었던 수생곤충입니다. 물 위를 성큼성큼 걸어다니는 모양새가 참 재미있는 곤충이지요. 소금쟁이 역시 육식성으로 작은 곤충이나 죽은 물고기의 체액을 빨아먹고 살아갑니다.

# 조선민화박물관 조선 후기의 민화를 만나는 곳

**주소** 강원도 영월군 하동면 와석리 841-1 | ☎ 033-375-6100 | http://www.minhwa.co.kr

조선민화박물관은 작은 박물관이지만 해설가 선생님의 열정적인 설명 덕분에 아이들이 민화의 가치에 대해 깨닫게 되었고, 조선 후기의 서민 문화를 대표하는 민화에 대해 직접 설명할 수 있는 자신감도 얻었습니다.

조선민화박물관 내부 전경

더군다나 전시되고 있는 민화 중 200여 점은 조선 후기 민화의 진본으로, 다른 여느 박물관에서는 찾아보기 힘든 귀한 전시물들입니다.

일반인이 사재를 털어 만든 작은 박물관이지만 국내 유일무이의 민화박물관이라는 점과 수준 높은 전시품, 열정적인 선생님의 해설은 조선민화박물관의 가치를 더욱 높이고 있습니다.

**민화** 조선 후기를 대표하는 서민문화

새로운 농사법이 보급되면서 농작물의 생산량이 늘어나고 화폐가 유통되어 상업이 크게 발달했던 조선 후기! 이러한 사회적 변화로 인해 잉여농산물이 크게 증가하고 상업이 발달하여 거상들이 속속 등장하면서 부를 축척하게 된 상민이 늘어납니다.

서민들이 부를 쌓게 되자 그들 사이에서는 양반처럼 문화, 예술을 누리고자 하는 욕구도 팽배해집니다. 조선 초기에는 양반 문화의 한 갈래였던 판소리도 서민들의 문화적인 욕구와 맞물려 조선 후기에 들어서는 서민 문화의 가장 큰 뿌리로 자리 잡게 됩니다. 전국적으로 행해지던 탈놀이도 빼놓을 수 없는 서민 문화 중 하나입니다.

또한 세종대왕께서 한글을 창제하신 후에 서민층과 부녀자들을 중심으로 널리 보급되었던 한글이 조선 후기에 들어와서는 한글 소설의 형태로 서민층에 읽혀졌는데요. 우리가 흔히 알고 있는 '홍길동전'이나 '장화홍련전' 같은 한글 소설이 바로 조선 후기에 인기 있었던 것들입니다.

대표적인 서민문화로 꼽히는 민화는 예술적인 욕구 충족을 위한 그림이었다기보다는 복을 바라고 행복하게 살고자 하는 서민들의 바람이 투영된 작품이라고 볼 수 있습니다. 서민들은 빌고 싶은 소망이 있거나 만수무강과 안녕을 기원하는 의미에서 각자 소망을 담은 민화를 저잣거리에서 구입하여 집안을 장식했습니다.

다음의 민화를 해석하는 몇 가지 기술을 잘 알아두었다가 아이들에게 설명할 때 참고하기 바랍니다.

우선 첫 번째 작품 '호랑이와 까치 그림'은 민화에 가장 많이 등장하는 소재 중 하나입니다. 까치가 울면 반가운 손님이 온다는 말이 있듯이 까치는 복을 부르는 행운의 상징으로 여겨졌습니다. 그에 비해 호랑이는 집안에 찾아온 악귀를 밖으로 내쫓는 상징적인 의미를 갖습니다.

두 번째 작품인 '화조도' 역시 민화에 자주 등장하는 소재입니다. 꽃은 부와 다산을 상징하고, 새는 사이좋은 부부 사이를 뜻합니다. 부부끼리 서로 사랑하며 아들딸 많이 낳고 부귀영화를 누리라는 의미를 담고 있습니다. 화조도는 색감이 화사하고 아름다워 주로 여인들의 방을 장식하는 데 많이 사용되었습니다.

그리고 세 번째 그림처럼 '잉어'가 그려져 있는 민화는 관직에 오르기를 염원하

1 희보작호도
2 유개백자도
3 군자어해도

는 마음을 담은 것입니다. 특히 잉어가 햇빛을 받아 번쩍이며 솟아오르는 그림은 태양, 즉 왕을 알현하는 영광스러운 자리에 자녀가 나갈 수 있기를 바라는 마음을 담은 것입니다.

## 조선민화박물관 관람안내

| 구 분 | 어른 | 중·고등학생 | 초등학생 | 유아 | 군민 |
| --- | --- | --- | --- | --- | --- |
| 개인 | 3,000 | 2,000 | 1,500 | 500 | 50% 할인 |
| 단체 | 2,000 | 1,500 | 1,000 | | |

- 운영 시간
  하절기(3~10월) 10:00~18:00
  동절기(11~2월) 10:00~17:00
- 기타 안내 : 장애인은 무료입니다.

# 별마로 천문대 별을 보는 고요한 정상

**주소** 강원도 영월군 영월읍 천문대길 397 | ☎ 033-374-7460 | http://www.yao.or.kr

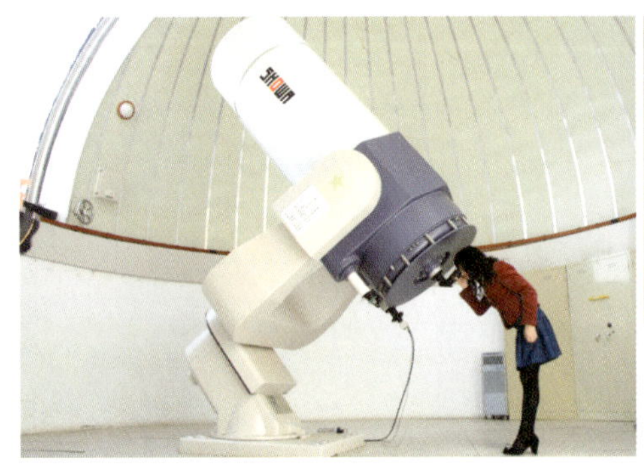

주망원경과 이를 이용해 관측한 구상성단

우리 아이들이 밤하늘을 수놓은 듯 가득한 별을 자주 보지 못하는 것은 무척 안타까운 일입니다. 예전에는 옥상에만 올라가도 별은 물론이고 은하수, 유성까지 볼 수 있었는데 말입니다. 저는 아이들의 가슴에 별을 품어주고 싶어서 가끔 천문대에 갑니다.

그중 영월군청에서 운영하는 별마로 천문대는 천문대로서의 최상의 조건인 해발 800m에 자리하고 있습니다. 또한 지름 80cm의 주망원경과 여러 대의 보조망원경이 설치되어 있어서 달이나 행성, 별을 자세히 관측할 수 있으며 과학적인 지식과 문학적인 감수성을 함께 만끽할 수 있는 훌륭한 천문대입니다.

별마로라는 이름은 '별+마루(정상)+로(고요할 로)'의 합성어로 '별을 보는 고요한 정상'이라는 뜻입니다. 별마로 천문대에 있는 주망원경의 성능은 시민천문대 중 국내 최고라 해도 과언이 아니며, 이를 이용하여 관측 가능한 별구름(성운)과 별무리(성단)는 가히 환상적입니다.

밤에는 달이나 행성, 별, 낮에는 태양 필터를 이용하여 태양의 흑점을 관측할 수 있습니다. 당일로 방문하여 낮과 밤의 하늘을 관측하는 것도 의미 있고 재미있지만,

아름다운 별마로 천문대에서 1박을 하면서 천문관련 교육도 받고 체험교육(지구본 모양 별자리판 만들기, 천체망원경 만들기)에도 참가하여 아이들에게 새로운 추억을 선사하는 것도 좋습니다.

또한 이곳에 조성된 숙소에서는 통창 너머로 아름다운 밤하늘을 관측할 수 있습니다. 깔끔한 시설과 잘 정돈된 욕실, 그리고 간단한 취사실(공동)을 갖추고 있어서 이용하기에 매우 편리합니다.

지구과학의 성격상 나이가 어린 아이들에게는 어려운 내용이며 초등학교 4학년 이상의 어린이들에게 맞는 난이도라는 것을 참고하기 바랍니다.

## 별마로 천문대 관람안내

| 구분 | 개인 | 단체 | 관람안내 |
|---|---|---|---|
| 성인<br>(만 19세 이상) | 5,000 | 4,000 | • 관람시간<br>동절기(10~3월) 14:00~22:00 (21시까지 입장)<br>하절기(4~9월) 15:00~23:00 (22시까지 입장) |
| 청소년<br>(만 6~18세) | 4,000 | 3,000 | • 천문교육관 이용안내 (1박 2일 프로그램)<br>단체는 20인 이상이며 성인은 1인 35,000원이고<br>청소년은 1인 30,000원입니다. |

## 아이들을 위한 웰빙 음식점  장릉 보리밥집

**주소** 강원도 영월군 영월읍 영흥리 1101-10 | ☎ 033-374-3986

장릉 보리밥집 메밀감자전

보리밥에 각종 나물을 골고루 넣고 옹기에서 금방 꺼낸 맛있는 고추장을 얹어 쓱쓱 비벼먹는 맛은 어떨까요? 비라도 추적추적 내리는 날이면 마당 위 슬레이트 지붕 아래로 떨어지는 빗물을 바라보며 바삭바삭한 메밀감자전에 막걸리 한 잔 맛보는 것도 별미가 될 것입니다.

저는 밥집만큼은 장맛이 좋고 식재료가 싱싱한 곳을 일부러 찾아가는 편입니다. 특히 화학조미료가 가미되지 않은 큼큼하고 구수한 된장 맛은 이곳을 자꾸 찾게 만드는 매력 포인트입니다. 위치는 장릉 매표소에서 조금 더 직진하여 왼쪽으로 꺾어 접어들면 있습니다.

## 사시사철 믿고 구입할 수 있는 한우 일번지  주천 다하누촌

**주소** 강원도 영월군 주천면 주천리 1238-4 | ☎ 1577-5330 | http://www.dahanoo.com/

다하누촌의 한우 바비큐

다하누촌은 시중 농가와 직거래를 하며 품질 좋은 한우를 저렴한 가격에 공급하고 있는 한우판매장들이 모여 있는 곳인데요. 그곳에 가면 정육점들과 식당들이 골목골목마다 자리 잡고 있습니다. 한우를 구입하여 숙소에서 참숯에 구워먹는 것도 좋지만, 정육점에서 한우를 사다가 인근 식당에 가서 저렴한 세팅비만 지불하고 각종 찬과 된장찌개를 곁들여 한우를 맛보는 재미도 큽니다.

## 여행에 도움이 되는 자료집 만들기

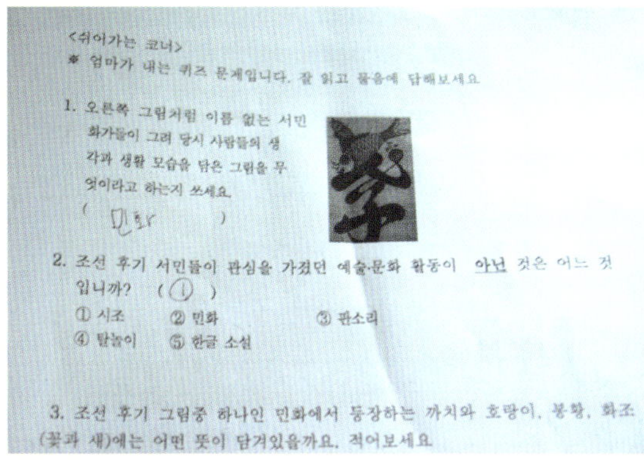

아이들에게 **흥미를 유발하는 여행 자료집**

동기유발을 위하여 여행을 떠나기 전에 자료집을 만들어 보는 활동은 교육적으로 유익합니다. 지자체에서 만들어 배포하는 홍보용 관광자료가 매우 훌륭하여 따로 만들어줄 필요는 없지만 엄마 아빠표 자료집은 아이들에게 여행지에 대한 애정과 즐거움을 안겨줍니다.

자료집의 내용은 관광하게 될 장소에 대한 간략한 정보와 그와 관련된 학습문제 그리고 관광 일정표를 붙일 자리와 느낀 점을 쓸 공간 등으로 구성해보면 좋습니다. 관광지에 얽힌 재미난 전설이나 이야깃거리가 있다면 첨부해도 좋습니다.

내용을 꾸민 다음 표지는 OHP 필름 두 장을 마주대고 제본기로 간단하게 눌러주면 됩니다. 제본기가 없다면 송곳으로 눌러 철끈을 묶어주면 됩니다. 자료집 만들기가 번거롭다면 초등학생의 경우 일기장에 관광 자료와 표를 붙이고 느낀 점과 알게 된 점을 적어보게 하는 것도 좋습니다.

# 오죽헌 이야기가
# 파도 소리에
# 실려 오는 곳
# 강릉

**| 4-2 사회 |** 조상들의 여가생활에 대하여 알아보자.
**| 4-2 과학 |** 여러 가지 화석을 관찰하여 보자.
**| 4-2 사회 |** 우리 고장의 다양한 전통 문화에 대하여 알아보자.
**| 5-2 사회 |** 조상의 생활모습을 엿볼 수 있는 다양한 도구들을 찾아보자.

**추천 코스** (1박 2일)

**출발** ▶ 오죽헌 ▶ 자전거로 경포호수 돌아보기 ▶ 점심식사 ▶ 참소리축음기 에디슨과학박물관 ▶ 선교장 ▶ 저녁식사 및 숙박 ▶ 아침식사 후 바다열차 타고 동해로 ▶ 고래화석박물관 ▶ 귀가

해운대의 한쪽을 떼어낸 듯한 북적임과 자연이 주는 고요함을 동시에 갖춘 매력적인 도시 강릉! 사람들은 강릉 하면 경포대만을 떠올리지만, 바닷가를 벗어나면 마치 작은 박물관을 야외로 옮겨놓은 듯한 문화재들이 곳곳에 산재해 있습니다.

이곳은 세계적인 학자 율곡 이이가 태어난 도시이며, 향교와 선교장 같은 고풍스럽고 유서 깊은 건축물도 찾아볼 수 있는 곳입니다. 또한 신복사지의 고요하고 쓸쓸한 삼층석탑과 석불좌상, 우리나라에서 가장 큰 당간지주인 굴산사지 당간지주도 만날 수 있어 답사 여행자들이나 사진 마니아들에게 무척 사랑받는 여행지랍니다. 여름 한 철 휴양지의 이미지로만 기억하고 있었던 강릉의 새로운 매력을 찾아 교과서 여행을 떠나 봅시다.

푸른 바다가 인상적인 눈부신 경포해수욕장

# 오죽헌시립박물관 신사임당과 율곡 이이를 만나다!

**주소** 강원도 강릉시 죽헌동 201 | ☎ 033-640-4457 | http://www.ojukheon.or.kr

오죽헌은 신사임당과 율곡 이이가 태어난 집으로, 율곡 이이의 외할아버지인 신명화의 집입니다. 조선 초기의 건축 양식이 고스란히 살아있어 조선시대 한옥의 전형을 연구하는 데 귀중한 자료가 되며, 보물 제165호로 지정되어 있습니다.

오죽헌에는 신사임당의 초충도와 율곡 이이의 친필이 보존되어 있으며 유품도 130여 점 정도 전시하고 있습니다. 강릉시는 이곳에 시립박물관을 만들어 오죽헌과 더불어 강릉 사람들의 민속 문화를 연구할 수 있는 각종 민속자료와 강원지역에서만 볼 수 있는 희귀한 향토자료들을 전시하고 있습니다.

그중에서도 가장 눈에 띄는 것은 강원도에서만 볼 수 있는 통방아인데요. 곡식을 찧는 도구로 디딜방아와 물레방아, 연자방아는 들어봤어도 통방아라는 말은 생소하게 느껴질 겁니다.

보통 각 가정에서는 디딜방아를 사용했는데 디딜방아는 인력을 사용해야 한다는 결점이 있었습니다. 집안일과 농사일로 바쁜 와중에 방아까지 찧으려면 시간적으로나 일의 과중 면에서나 힘이 들었지요.

이 결점을 보완하기 위해 만든 방아가 통방아입니다. 통방아는 협곡이 좁고 물이 풍부하지 않은 산간지역에서 똑똑 떨어지는 물이 통나무의 홈에 고여 들었

강원 지역에서만 볼 수 있는 통방아

디기 아래로 툭 떨어지는 힘을 이용하여 만들었습니다. 방아를 찧는 힘은 세지 않았지만 그래도 물이 쉴 새 없이 고이고 다시 아래로 떨어지니 방아는 연속적으로 찧어졌고, 통방아가 곡식을 찧는 사이에 다른 농사일이나 집안일을 할 수 있어 효율적이었습니다. 삼척의 너와마을을 방문할 기회가 생긴다면 삼척 대이리에 있는 통방아를 직접 찾아보시기 바랍니다.

 교과서 돋보기

### 뛰어난 학식을 겸비한 예술가, 신사임당

신사임당은 대한민국이 낳은 대학자 율곡 이이의 어머니로 잘 알려져 있습니다. 율곡 이이와 신사임당은 강원도 강릉 출신으로 오죽헌기념관에 가면 신사임당의 글씨와 그림을 만나볼 수 있습니다.

그러나 신사임당이 한 학자의 어머니와 아내로서만 이름을 떨친 것은 아닙니다. 모두에게 존경받을 만한 신사임당의 인품과 뛰어난 학식과 예술적인 감각은 오늘날까지도 그녀의 이름이 세상에 잘 알려지게 된 이유가 되었습니다.

신사임당의 초충도

오죽헌에도 전시되어 있는 초충도는 그림을 그린 후 말리기 위해 밖에다 내놓았더니 정말 살아있는 벌레인 줄 알고 닭들이 몰려와 그림 속의 벌레를 쪼아 그림에 구멍이 났던 일화로도 유명합니다.

# 경포호 가족과의 즐거운 추억을 만들 수 있는 곳!

**주소** 강원도 강릉시 저동 일대 | ☎ 033-644-2800

**경포호에서 즐기는 신나는 자전거체험**

동해안과 마주하고 있는 강릉에는 매우 큰 호수가 있습니다. 바다와 인접하여 사방이 갈대와 벚나무로 둘러싸인 그림 같은 경포호가 그것입니다.

경포호 주변에는 가족들과 여가생활을 즐길 만한 놀거리들이 매우 많습니다. 아이들이 어느 정도 성장한 가족이라면 자전거를 한 대씩 빌려 경포호 주변을 돌아보는 재미가 쏠쏠합니다. 자녀들이 아직 어리다면 4~5인용 가족자전거를 빌려 엄마 아빠가 운전하며 경포호를 돌아볼 수도 있습니다. 자전거는 경포호 인근의 식당과 대여점에서 빌릴 수 있습니다.

### 해안 모양이 다른 남해와 서해와 동해

경포호는 강과 하천에서 쓸려 온 모래나 자갈이 바닷가에 쌓여 만들어진 호수입니다. 이때 쓸려 온 모래들은 아름다운 경포해수욕장을 이루고 있는데, 이와 같은 해안지형을 사구라고 부릅니다.

우리나라는 삼면이 바다로 둘러싸인 반도지형으로, 서해안과 남해안, 동해안은 각각 그

**모래와 자갈이 많은 동해**

특징이 달라 각기 다른 자연 경관을 연출합니다. 우리나라의 지형을 보면 태백산맥에서 갈라져 나온 산맥들이 서해안과 남해안 쪽으로 뻗어나가 바닷물 깊이 잠겨 있는 모습을 볼 수 있습니다. 산과 협곡들이 그대로 물에 잠겨 있는 형세이기 때문에 해안선이 매우 들쭉날쭉하지요.

이와 같이 섬이 많고 바다가 육지 깊숙이 들어와 들쭉날쭉한 형태의 해안을 '리아스식 해안'이라고 부릅니다. 반면 동해안처럼 밋밋한 형태를 띠고 있는 해안은 바닷속에 잠겨 있던 육지가 서서히 솟아오른 형태의 해안으로 '융기 해안'이라 부릅니다.

참고로 만은 바다가 육지 깊숙이 들어와 있는 지형으로, 파도가 약하게 일기 때문에 순천만, 영일만, 보성만과 같이 항구로 사용되는 경우가 많습니다.

# 강릉 선교장  강릉지역 양반들의 생활공간

**주소** 강원도 강릉시 운정동 431 | ☎ 033-646-3270 | http://www.knsgj.net

99칸 가옥은 양반 중에서도 상류층 사람들이 살았던 전통 가옥인데요. 강릉의 선교장이 바로 99칸 양반 가옥의 전형적인 형태를 띠고 있습니다.

강릉 선교장은 효령대군의 자손들이 10대에 걸쳐 살아온 유서 깊은 곳이기도

합니다.

이곳은 전통 가옥의 형태가 매우 잘 보존되어 있고 경관이 사시사철 아름다워 한국방송공사에서 뽑은 '우리나라 전통가옥 TOP 10'에 선정되기도 하였습니다.

입구에 들어서면 보이는, 인공 연못에 드리워진 활래정의 전경은 그림처럼 아름다우며 그 당당한 자태에서 양반가의 풍류와 기상을 엿볼 수 있습니다. 선교장이라는 이름의 유래는 본래 경포호에서 배를 놓아 건너 다녔던 집이라는 뜻에서 유래했는데, 호수는 이제 논으로 변하여 세월의 발자취를 느낄 수 있습니다.

지금은 양반 가옥을 살펴볼 수 있는 중요 민속자료로 지정되어 있으며 전통 문화를 체험하고 싶은 분들께 개방하여 예약제로 전통문화 체험프로그램을 운영하고 있어서 강릉 선교장 안에서 개인과 단체로 숙박도 가능합니다.

## 강릉 선교장 관람안내

| 구 분 | 성인 | 청소년 | 어린이 | 관람안내 |
|---|---|---|---|---|
| 개인 | 3,000 | 2,000 | 1,000 | • 관람시간 (휴관일은 추석과 구정)<br>하절기(3~10월) 9:00~18:00<br>동절기(11~2월) 9:00~17:00<br>• 안내사항<br>전통문화체험관 이용객은<br>입장료가 면제이며, 예약을 하면<br>문화해설사의 해설을 체험할 수<br>있습니다. |
| 단체 | 2,000 | 1,200 | 600 | • 기타 요금안내<br>단체는 30인 이상이며 국가유공자,<br>65세 이상 경로, 군경, 장애우는<br>청소년 요금을 적용합니다. |

# 참소리축음기 에디슨과학박물관

**주소** 강원도 강릉시 저동 35-1 | ☎ 033-655-1130 | http://www.edison.kr

경포호를 한 바퀴 돌아보고 선교장으로 넘어가다 보면 큰길가에 매우 독특한 이름의 박물관이 자리 잡고 있습니다. 바로 참소리축음기 에디슨과학박물관이라는 곳인데요. 박물관에 방문하면 입장료가 비싸서 조금 놀랄 수 있지만, 입장하면서부터 나올 때까지 잠시도 긴장을 늦출 수 없는 감동적인 해설과 체험을 경험하고 나면 그런 생각이 눈 녹듯이 사라지게 됩니다.

참소리박물관의 역사는 이곳을 설립한 손성목 관장님의 여섯 살 때 추억으로부터 시작됩니다. 당시 아버지께 선물 받은 콜롬비아 G241이라는 축음기의 아름다운 선율에 매료되어 성인이 된 후로는 여유가 생길 때마다 전 세계를 돌아다니며 축음기를 비롯한 각종 뮤직박스, 라디오, TV 등을 수집했다고 합니다. 이후 에디슨의 발명품에 매료되어 약 5,000여 점에 달하는 에디슨의 물품을 수집하였고, 참소리박물관 옆에 에디슨과학박물관을 개관하기에 이릅니다.

참소리박물관의 입장료를 구입하면 에디슨과학박물관의 전시품들도 함께 둘러볼 수 있습니다. 참소리축음기 에디슨과학박물관의 좋은 점은 입장을 하면 전문가가 전시된 물품들을 소개하면서 뮤직박스와 축음기 등을 직접 시연하여 아름다운 소리를 감상할 수 있게 한다는 것입니다. 전문가의 입담도 재미있지만 축음기와 뮤직박스에서 흘러나오는 아날로그적인 음색은 듣는 이로 하여금 아득한 과거의 추억 속으로 잠길 수 있는 시간도 제공합니다.

더 놀라운 것은 에디슨과학박물관입니다. 에디슨이 전 세계적으로 유명한 미국의 발명가임에 틀림없는데, 이곳 에디슨과학박물관에는 그의 발명품이 3분의 1이나 소장되어 있습니다. 해설과 소리가 함께하는 관람이 종료되면 492m²나 되는 큰 규모의 공간에서 최첨단 음향시설을 통해 직접 라이브로 듣는 것보다 더 생생한 음악을 감상할 수 있습니다. 직접 체험해보지 않고는 진가를 알 수 없는 참소리축음기 에디슨과학박물관은 이제 강릉 관광에서 빼놓을 수 없는 명소가 되고 있습니다.

**참소리축음기 에디슨과학박물관 관람안내**

| 구 분 | 성인 | 청소년 | 어린이 | 관람안내 |
|---|---|---|---|---|
| 개인 | 7,000 | 6,000 | 5,000 | • 관람시간<br>동절기 09:00~17:30<br>하절기 09:00~18:00 |
| 단체 | 6,000 | 5,000 | 3,500 | • 단체관람 안내<br>단체는 30인 이상, 수학여행은 100인 |
| 수학여행 | – | 3,000 | 2,500 | 이상입니다. |

## 발명가 에디슨의 생애에 관하여

'천재란 1%의 영감과 99%의 노력에 의해 만들어진다'는 유명한 명언을 남긴 에디슨! 그는 정규 교육과정을 3개월밖에 받지 못했습니다. 우리가 어린 시절 숱하게 읽었던 그의 일화를 기억하시는 분들이 많을 겁니다.

어미 거위가 알을 품고 있는 모습을 보고 새끼거위가 태어나게 하기 위해 알을 품었던 에디슨(1847~1931)의 일화 말입니다. 그의 엉뚱한 행동과 돌발 행동들은 많은 사람들의 손가락질을 받았고, 모두들 그를 약간 모자란 아이로 치부했습니다. 만약 세상 모든 사람들이 에디슨을 그렇게 생각했다면 그는 오늘날 천재적인 발명가로 역사에 남지 못했을 겁니다. 에디슨에게는 창의성과 천재성을 믿고 지지해준 어머니가 있었기에 끈질기게 노력할 수 있었습니다.

발명왕 에디슨이 숨을 거두자 미국은 장례식을 치르던 날 밤 10시에 나라 전체의 전등을 일제히 끕니다. 미국의 발전에 놀라운 영향을 미친 그의 명복을 빌기 위해서였습니다.

## 깊은 커피향이 가득한 곳  테라로사

**주소** 강원도 강릉시 구정면 어단리 973-1 | ☎ 033-648-2760 | http://www.terarosa.com

커피공장 테라로사

동남아를 여행할 때 맛본 쌉싸래하고 진한 아시아 커피 맛! 저는 강릉을 여행할 때 우연히 방문한 커피공장 테라로사에서 한동안 잊고 있었던 그 맛을 발견하여 행복했던 추억이 있습니다.

세계 각국의 다양한 커피 맛을 즐길 수 있으며 갓 구워낸 맛있는 빵과 케이크로 여행길의 피로를 풀 수 있는 곳, 테라로사!

지금은 찾는 사람들이 많아졌지만 각기 다른 분위기의 넓고 아늑한 공간은 방문자로 하여금 잠시 잠깐의 여유를 갖게 합니다. 실내 인테리어도 아름다울 뿐만 아니라 세 가지 맛의 커피를 테스트해볼 수도 있어서 커피 마니아들에게 추천하고 싶은 곳입니다.

## 한국관광공사 지정 굿스테이 숙소  수모텔

**주소** 강원도 강릉시 강문동 302-2 | ☎ 033-644-1239 | http://www.soomotel.com/

굿스테이 숙소인 수 모텔

경포대 앞에는 경포대 현대호텔을 제외하고는 대부분 모텔입니다. 모텔이라는 숙소의 특성상 가족 여행자들이 묵기에 꺼려하는 부분이 있을 수 있는데요. 수모텔은 한국관광공사에서 지정한 '여행자들이 머물기에 좋은 숙소' 중 하나인 굿스테이 숙소로 선정된 곳으로, 정갈한 시설은 물론 경포대와 인접해 있어 여행자들에게 편리함을 더합니다.

가족들이 묵기에는 온돌방과 침대방이 연결되어 있는 투 베드룸이 적당하며 욕조가 있는 방을 선택한다면 여행의 피로를 단번에 날려버릴 수 있을 겁니다. 객실은 전망에 따라서 가격 차이가 있으니 자세한 것은 전화로 문의하시기 바랍니다.

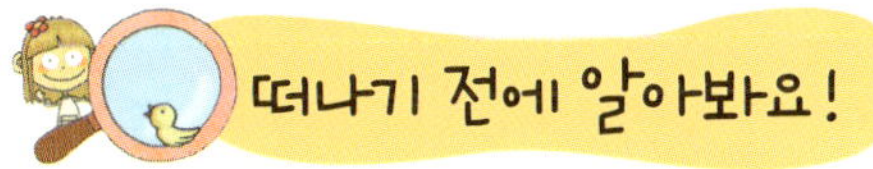


## 파도소리를 따라 가는 기찻길 바다열차

**예약** 코레일 투어서비스  |  ☎ 033-573-5473  |  http://www.seatrain.co.kr

강릉에서 즐기는 바다열차

바다열차는 강릉, 동해, 삼척을 잇는 58km의 아름다운 동해 바닷길을 열차로 달려보는 체험입니다. 예약은 코레일투어 서비스에서 할 수 있으며 코스와 좌석은 예약자가 지정할 수 있습니다.

일반 열차와 달리 창이 매우 커서 바다가 잘 보이며 좌석도 바다를 감상할 수 있도록 극장식으로 꾸며져 있습니다. 이곳에서는 즉석 방송으로 재미난 이벤트를 열거나 신청곡을 받아 틀어주기도 하는데요. 이처럼 달리는 내내 흥겨운 분위기가 연출되는 것도 바다열차 여행의 묘미입니다.

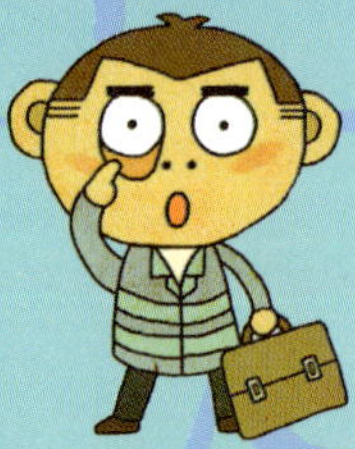

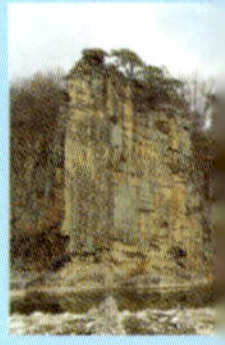

구석기시대로의 흥미로운 여행! 단양

찬란한 땅, 사비시대! 태안반도와 서산, 부여

화려하고 경이로운 백제의 도읍지 공주

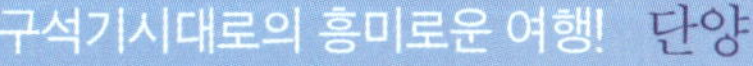

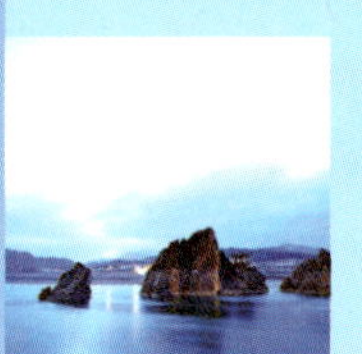

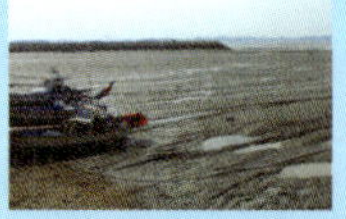

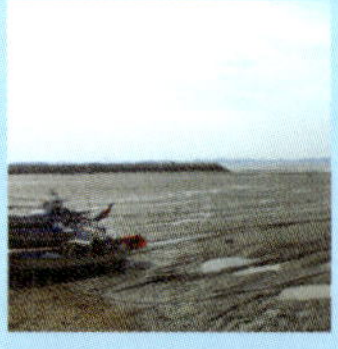

# PART 3

# 충청도로 떠나는 교과서 여행

# 구석기시대로의 흥미로운 여행!
# 단양

## 추천 코스 (1박 2일)

**출발** ▶ 상선암에서 하선암 사이 계곡길 드라이브 ▶ 방곡도예촌 도자기 체험 ▶ 사인암 구경 ▶ 단양 읍내에서 점심식사 ▶ 도담삼봉과 석문 ▶ 온달관광지 ▶ 사인암 1박 ▶ 수양개 선사박물관 ▶ 단양시장 마늘 쇼핑 ▶ 적성산성과 단양 적성비 ▶ 귀가

단양에는 매우 중요한 구석기시대의 유적이 여러 곳에 있습니다. 구석기 초기의 동굴인 금굴과 구낭굴, 그리고 구석기 후기를 대표하는 수양개 유적이 그것입니다.

단양에는 왜 구석기인들이 많이 모여 살았을까요? 단양은 지금의 서울처럼 구석기인들에게 매우 중요한 중심지였을 것으로 추측됩니다. 농사를 짓지 않았던 시절, 풍부한 수량의 남한강은 그들에게 물고기와 식수를 공급하는 젖줄이었을 것입니다. 또한 석회암 지형에서 흔히 볼 수 있는 자연동굴 역시 구석기인들에게 아늑한 주거지였을 테고요. 이렇듯 천혜의 자연환경이 주는 보금자리가 화려한 수양개 구석기 문화의 출발점이었다고 볼 수 있습니다.

단양팔경 중 하나인 상선암 풍경

# 도담삼봉과 석문 도담삼봉과 정도전의 이야기

**주소** 충북 단양군 매포읍 하괴리 84-1 | ☎ 043-422-1146 | http://www.cbtour.net

단양팔경은 상선암, 중선암, 하선암, 사인암, 옥순봉, 구담봉, 도담삼봉, 석문을 가리 킵니다. 단양 읍내에서 식사를 했다면 도담삼봉과 석문을 둘러보는 것이 코스상 편 안한 동선이 될 것입니다.

조선의 개국공신 정도전은 단양 일대를 돌아보다가 도담삼봉의 아름다움에 반 하여 호를 '삼봉'이라 칭하였습니다. 도담삼봉은 세 개의 크고 작은 봉우리로 이루 어져 있습니다. 가운데 우뚝 솟아있는 봉우리는 '장군봉'이고, 그 옆에 나란히 서 있 는 두 개의 봉우리가 각각 '처봉'과 '첩봉'입니다. 맑고 화창한 날에 가도 멋있지만 물안개가 잔뜩 서려 있는 날에 가면 그 분위기가 가히 환상적입니다.

도담삼봉을 구경하고 바로 왼쪽으로 꺾어져 석문으로 올라가는 길에는 음악분 수가 있습니다. 노래를 부르면 물을 뿜는 분수인데 주말마다 놀러온 관광객들의 노 래자랑이 열리니 노래 솜씨를 뽐내고 싶은 분들은 시도해보기 바랍니다.

석문 역시 단양팔경 중 하나인데, 석문 주위로는 마고할미 전설이 담긴 작은 동 굴이 있습니다. 올라가는 길에 아이들과 보물찾기를 하듯이 꼭 찾아보기 바랍니다.

**마고할미와 설문대 할망**

우리나라를 건국한 이야기는 단군신화입니다. 그러면 우리나라 사람들에게 전해지는 창세기 신화는 무엇일까요? 우리나라에는 '마고할미'라는 창세 신화가 있습니다. 육지에서는 마고할미와 노고할미라고 부르지만, 제주도에서는 이를 설문대 할망이라 부르는데요. 이처럼 마고할미에 대한 이야기는 지역마다 서로 다르게 전해지고 있습니다.

남자들이 권력을 잡기 전인 청동기시대 이전까지는 마고할미와 같은 어머니 신이 창조의 신이자 자연이었습니다. 여러 가지의 마고할미 이야기 중 제주도에 전해오는 '설문대 할망'의 이야기를 한번 살펴보겠습니다.

우리 조상들은 태고에 천상의 세계에 사는 사람들을 거인족이라 생각했습니다. 현상의 세계에 사는 인간은 옥황상제가 살고 있는 천상 세계 사람들의 작은 손가락 하나 크기에도 미치지 못한다는 게 우리 조상들의 생각이었지요. 제주도의 한라산과 오름을 만들어준 설문대 할망은 전설에 따르면 옥황상제의 따님이었습니다.

예로부터 옥황상제만 다룰 수 있는 물건을 공주가 건드리는 바람에 지구라는 새로운 세상이 만들어졌다는 것이지요. 원래 새로운 세상을 창조하는 권한은 옥황상제만이 가지는 권한이었습니다. 옥황상제는 진노하여 공주가 실수로 만들어버린 세상 속으로 공주를 내치는데요. 바로 이때 내려온 분이 전설 속의 '설문대 할망'입니다.

설문대 할망이 제주도에 처음 도착했을 때는 평평한 땅뿐이었습니다. 그런데 워낙 거인인지라 치마폭에 싸온 흙을 탈탈 털어 걸터앉을 의자를 만들었는데 그것이 바로 지금의 한라산입니다. 탈탈 털어서 나온 흙은 곳곳에 흩어져 오름이 되었습니다. 한라산은 앉아보니 너무 뾰족하여 가운데를 쓱쓱 파게 되었는데, 그 가운데 구멍이 바로 백록담이라고 전해집니다.

마고할미는 단양의 석문에도 전설을 남겼습니다. 새로운 세계를 만든 죄로 하늘에서 내쳐진 설문대 할망이 제주도에 떨어졌다면, 단양에 온 마고할미는 하늘에서 비녀를 떨어뜨려 그것을 찾기 위해 단양 동굴에서 잠시 머물렀습니다. 비녀를 찾기 위해 손으로 땅을 판 것이 99마지기의 논이 되었고, 그 후 넓은 논에서는 신선들이 농사를 지어 하늘나라의 양식을 삼았다고 합니다. 석문을 오르다 보면 긴 담뱃대를 입에 물고 술병을 들고 있는 마고할미를 닮은 형상의 바위도 발견할 수 있습니다.

# 온달산성 바보 온달과 평강공주 이야기

**주소** 충북 단양군 영춘면 하리 147 (온달관광지) | ☎ 043-422-1146

**온달과 평강공주 모형**

바보 온달과 평강공주 이야기는 아주 유명합니다. 고구려 평원왕의 딸 평강공주가 어릴 때부터 워낙 잘 울어서 나중에 크면 온달에게 시집을 보내겠다며 놀렸는데, 실제로 커서 온달과 결혼하여 바보 온달을 고구려 최고의 장수로 키운다는 내용이죠. 우리 역사 속의 실제 온달장군은 고구려 최고의 장수였고, 그가 용맹을 떨쳤던 전투의 흔적은 서울의 아차산과 단양의 온달산성에 남아 있습니다. 삼국유사에 전해 내려오는 평강공주와 온달 이야기는 실화라기보다는 동화나 꾸며낸 이야기로 느껴집니다. 왜 그럴까요?

비천한 신분의 온달이 감히 왕의 딸과 결혼한다는 사실 때문입니다. 실제로는 있을 수 없는 일이니까요. 더군다나 고구려는 삼국 중에서 가장 신분제도가 엄격했습니다. 어쩌면 이것은 하나의 상징적인 이야기가 아닐까 싶습니다.

온달은 고구려에서 매우 용맹한 장수였는데 신분이 그리 높지는 않았을 것입니다. 당시 평원왕은 귀족들 간의 분열과 왕권 다툼을 이기고 왕위에 오른 사람입니다. 그는 기존의 쟁쟁한 귀족들이 아닌 새로운 세력을 등용하고자 했고, 이때 신진 무장 세력의 한사람이었던 온달은 왕의 사위가 되어 평원왕을 보필하는 위치에 오르게 된 것이지요. 온달은 왕의 사위가 된 후 여러 전쟁에서 승리를 거두면서 명성을 드높입니다. 그러던 그가 단양 땅을 얻기 위하여 고구려 군대를 이끌고 남하합니다. 온달은 왜 하필 단양으로 내려왔을까요?

고구려는 광개토대왕이 광활한 만주벌판을 점령한 이후 끊임없이 남하를 시도합니다. 도읍을 평양성으로 옮긴 장수왕은 매우 넓은 영토를 차지하게 되지만, 그 이후 귀족세력이 분열되는 등 나라가 혼란해져서 많은 영토를 신라에 빼앗기게 됩니다. 온달은 나라가 어느 정도 평화를 되찾자 잃었던 남쪽 땅을 빼앗기 위해 단양으로 내려온 것입니다. 결국 온달은 온달산성 아래에서 날아오는 화살을 맞고 최후를 맞습니다.

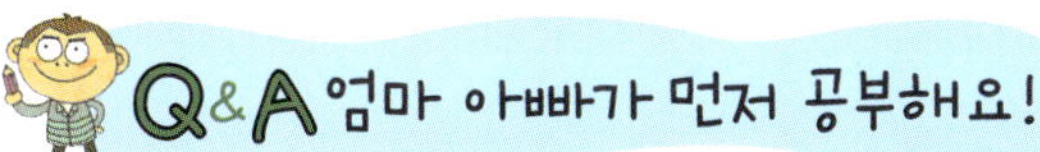


**Q.** 고구려시대에는 성을 어떻게 쌓았나요?

큰 돌을 차곡차곡 쌓은 아차산성의 외벽

만주벌판을 지배했던 고구려는 산악지방에서 흔히 구할 수 있는 큰 돌들을 둥글게 굴려 차곡차곡 쌓는 축성기술을 가지고 있었습니다. 서울 아차산에서 발견된 아차산성을 보면 고구려 성곽의 전형적인 축조 양식을 볼 수 있습니다.

단양 적성산성

신라의 대표 산성인 적성산성은 많은 부분이 파괴되어 지금은 그 일부만 남아 있습니다. 적성산성을 보려면 단양휴게소 뒷문으로 올라가면 됩니다. 국보급 비석이 세워진 장소를 작은 표지판만으로 안내하는 점과, 단양에서 직접 찾아가려면 찾기가 매우 어렵다는 점이 조금 아쉬운 부분입니다.

큰 돌을 둥글려 차곡차곡 쌓은 고구려와 달리 신라는 작은 돌들을 몇 겹으로 그 속까지 차곡차곡 쌓아올리는 기법이 특징입니다. 적성산성의 부서진 단면을 통하여 신라의 성곽 축조술을 확인할 수 있습니다.

풍납토성의 흔적

백제는 드넓은 평야지대였기에 돌을 구하기가 어려웠습니다. 때문에 백제의 전형적인 성은 토성입니다. 이를테면 몽촌토성이나 풍납토성이 그런 것들이지요.

흔히 토성은 비가 오면 유실되기 쉽다고 생각할 수 있는데, 전혀 그렇지 않습니다. 진흙을 나무판에 넣고 짚과 풀을 섞어 네모난 틀에 꾹꾹 눌러 담아 벽돌처럼 만든 다음에 차곡차곡 올린 토성은 돌로 만든 성곽보다 더 단단했습니다. 그래서 풍납토성은 지금 남아있는 모습과 달리 당시 성의 규모가 상당히 웅장했습니다.

# 사인암 병풍을 두른 듯 장대한 기암절벽

**주소** 충북 단양군 대강면 사인암리 64 | ☎ 043-422-1146 | http://www.cbtour.net

단양에서 여름 물놀이를 즐기고 싶다면 사인암에 가면 됩니다. 이곳에는 소선암 오토캠핑장이 있어 캠핑도 할 수 있고, 황정산 자연휴양림에서 숲 속을 산책하거나 계곡 물놀이를 즐길 수도 있습니다.

캠핑을 하지 않을 분들은 대부분 사인암으로 갑니다. 주변에 밥집과 민박촌들이 많기도 하지만 무엇보다 바둑판처럼 격자로 이어진 절벽이 절경인데다, 사인암 아래로 흐르는 계곡은 여름이면 아이들이 물놀이를 즐기고 어른들은 플라이낚시를 하기에 안성맞춤이기 때문입니다. 더군다나 이곳은 자연 속에 오롯이 파묻혀 오지에 온 것 같은 느낌이 나면서도 언제든 슈퍼마켓을 이용할 수 있으며, 배고플 때 곧바로 나가서 맛있는 식사를 할 수 있는 여행 인프라가 풍부합니다.

해마다 여름이면 사인암 주변으로 수많은 관광객들이 몰려옵니다. 그래서 저는 약간 한갓지게 계곡 물놀이를 즐길 수 있는 여름 끝 무렵에 사인암을 찾곤 합니다.

# 적성산성과 단양 적성비 신라 진흥왕의 전성기를 만나다

**주소** 충북 단양군 단성면 하방리 산 3-1  |  ☎ 043-422-1146  |  http://www.cbtour.net

단양휴게소 뒷문으로 나와 표지판을 따라 걸어오르다 보면 5분도 채 되지 않아 적성산성 성벽과 마주하게 됩니다. 적성산성은 얼마 남아있지 않은 신라의 산성 중 하나로, 돌을 여러 겹 겹쳐 쌓아 방어력을 강화한 산성이며 신라시대의 성곽 축조방식을 연구할 수 있는 귀중한 자료입니다. 또한 이곳은 사적 제265호로 지정된 곳이기도 합니다.

단양 땅은 한강 유역의 중심지로 가기 위한 길목이어서 언제나 신라가 눈독을 들였던 곳입니다. 결국 신라 최대의 전성기를 이룩했던 진흥왕이 고구려 땅이었던 이곳을 점령하였고, 승전을 기념하고 이곳에 사는 백성들을 위로하기 위하여 단양 신라적성비를 세우게 됩니다.

적성비는 적성산성을 오르다 보면 단양군 전체를 굽어볼 수 있는 둔덕에 세워져 있는데, 국보 제198호로 지정되어 있습니다. 적성비문은 많이 훼손되어 있기는 하지만 신라의 형벌 및 행정에 대한 법률을 알 수 있는 귀중한 자료입니다.

단양을 떠날 때 혹은 단양에 도착하기 전 휴게소에 들른다면 잊지 말고 적성산성과 적성비를 찾아보기 바랍니다.

적성산성(아래)과 단양 신라적성비(위)

# 수양개 선사유물전시관 초등학생을 위한 선사시대 학습장

**주소** 충북 단양군 적성면 애곡리 산 24-19 | ☎ 043-423-8502

다양한 모양의 슴베찌르개

불과 몇십 년 전까지만 해도 한반도에 구석기 문화가 과연 존재했느냐를 놓고 이야기를 나누었을 정도로 우리나라에서는 구석기 유적의 발굴이 미미했었습니다. 그러나 이후 공주 석장리 유적을 필두로 구석기 유적들이 속속 발굴되면서 역사가 다시 쓰이게 되었습니다. 그중 단양에서 금굴과 구낭굴이라는 두 개의 굴과 수양개 유적이 발굴되면서 단양이 구석기 문화의 중심지였음이 널리 알려졌습니다.

특히 수양개 선사유물전시관은 초등학생들에게 선사시대를 공부시키는 데 더없이 좋은 장소입니다. 겉모양만으로 용도를 파악하기 어려운 석기는 동영상으로 어떻게 사용하는지를 보여주고 있어 그 재미를 더합니다.

단양에서 발굴된 슴베찌르개를 보면 그 기술이 매우 정교하여 구석기시대의 것이라고 믿기가 힘들 정도입니다. 자루에 홈을 파고 돌 역시 자루에 박힐 부분을 떼어내 붙인 다음 짐승을 사냥할 때 타격을 극대화하기 위하여 흑요석을 쭉 둘러가며 붙인 슴베찌르개를 보면 현대를 살아가는 인간이나 구석기인들이나 깊이 있게 사고하는 것이 너무나 닮아 있습니다.

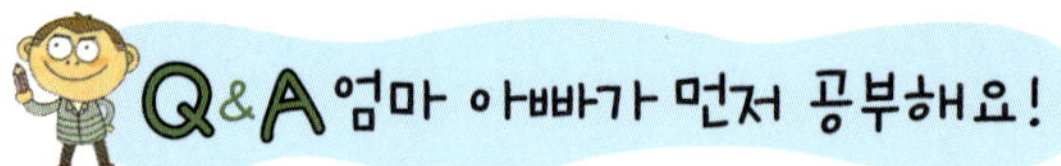


## Q. 좀돌날은 어디에 사용되었나요?

수양개 유적은 남한과 북한을 통틀어 가장 정교한 후기 구석기시대 유물이 출토된 유적입니다. 좀돌날은 후기 구석기시대를 대표하는 유물 중 하나이고요.

**좀돌날과 좀돌날 몸돌**

구석기시대 후반으로 가면 석기는 더욱 정교해집니다. 그중에서 돌을 나무 틈 사이에 끼우고 끈으로 묶은 다음, 짐승의 상아나 뿔을 이용하여 눌러 떼는 기법으로 몸돌에서 작은 돌을 떼어내게 되는데, 이렇게 만들어진 것을 좀돌날이라고 부릅니다.

그렇다면 이 작은 돌들은 어디에 사용했을까요? 짐승의 뿔 사이로 난 작은 틈이나 나무의 갈라진 틈에 좀돌날을 끼우고 그 틈새에 아교(阿膠, 동물의 가죽이나 뼈를 원료로 하는 아교는 보통 황갈색 고체이며 이를 녹이면 접착력이 생긴다)를 덧칠하면 제아무리 두꺼운 짐승의 가죽도 쉽게 벗겨낼 수 있는 훌륭한 도구가 되었습니다. 혹은 슴베찌르개와 같은 석기 위에 좀돌을 다시 덧입혀 더 날카롭고 위협적인 무기를 탄생시키기도 하였습니다.

구석기시대는 좀돌날의 제작으로 큰 변화를 겪게 되며, 이 좀돌날 문화를 보유하고 있는 이들이 구석기시대의 문화를 지배하기에 이릅니다. 당시 빙하기로 인하여 해수면이 낮아져 일본과 자유롭게 교류가 가능했던 우리나라는 좀돌날 문화를 일본에까지 널리 퍼트리게 됩니다. 일본 학계에서는 한반도 구석기 문화가 일본 구석기 문화에 직접적인 영향을 주었다는 사실을 그대로 인정하고 있습니다. 이 모든 것은 수양개 선사유물전시관에 확인할 수 있습니다.

## 사인암 부근의 유일한 펜션  사인암 풍경펜션

**주소** 충북 단양군 대강면 사인암리 15-14 | ☎ 011-717-6333 | http://www.sainamps.com

사인암은 인적이 드물고 고요한 시골 같은 분위기이지만 각종 민박집과 식당들이 모여 있어서 적막한 느낌이 덜합니다. 여름에는 각종 물놀이로, 가을에는 사인암 앞 계곡 위로 단풍잎이 뚝뚝 떨어져 흘러가는 전경이 일품입니다.

사인암 앞은 대부분 민박촌으로 형성되어 있는데, 이곳은 가족이나 커플여행자들을 위한 깨끗한 펜션입니다. 객실이 딱 4개이기 때문에 사인암 근처의 깔끔한 숙소를 원하는 분들이라면 서둘러 예약을 해야 합니다.

상선이라는 객실을 제외하고는 도담, 옥순, 구담방은 최대 4인까지 투숙 가능하므로 4인 기준 가족 여행자들에게 적당합니다. 객실은 침대 하나와 주방, 깔끔한 욕실로 구성되어 있으며, 상선방은 복층으로 구성된 가족실입니다. 객실마다 TV 및 여행자들이 읽기 좋은 책과 잡지가 비치되어 있습니다.

사인암 풍경 펜션

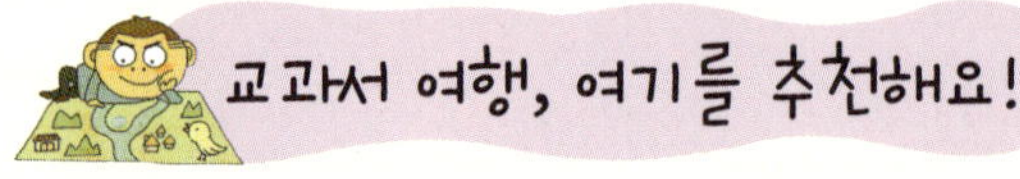


## 입소문을 타고 유명해진 추천 맛집  장다리 식당

**주소** 충북 단양군 단양읍 별곡리 28-1  |  ☎ 043-423-3960

단양에 가면 빠뜨리지 않고 들르는 식당입니다. 읍내에 있다가 워낙 입소문을 타고 유명해진 관계로 도담산봉 가는 길목으로 확장 이전했습니다. 20,000원짜리 정식코스에 송이버섯탕과 두부부침, 아삭아삭하고 싱싱한 육회, 구수한 된장찌개, 정갈하게 맛을 낸 수육, 각종 신선한 나물과 채소들, 영양마늘솥밥 및 마늘 요리들이 줄지어 나오는데, 어느 것 하나 놓칠 수 없는 별미입니다. 장다리 식당은 식사시간에는 언제나 붐비는 편이므로 조금 이른 시간에 방문하시기 바랍니다.

## 캠핑 마니아들이 즐겨 찾는  소선암 오토캠핑장

**주소** 충북 단양군 단양읍 별곡리 290  |  ☎ 043-420-3727

단양이 캠핑 여행지로 이름이 높은 것은 수려한 산세와 맑은 물에서만 산다는 쏘가리와 꺽지가 나는 깨끗한 자연환경 때문입니다. 소선암 오토캠핑장은 수려한 계곡 앞에 위치해 있으며 전기시설과 주차장 및 각종 제반시설이 잘 갖추어져 있어 가족여행자들에게 더 없이 좋습니다. 오토캠핑 요금은 11,000원이며, C구역 전기 사용료는 3,000원이 별도로 추가됩니다.

구석기시대의 특징

청동기시대의 특징

철기시대의 특징

단양 여행을 떠나기 전에 아이들과 같이 미리 선사시대와 관련된 공부를 한 다음, 아이들에게 그림판을 한 장씩 주고 시대별로 특징을 요약해보라고 하면 어떨까요? 다음 그림판이 그 결과물인데요. 그림 솜씨나 글씨가 아직은 서툰 아홉 살, 일곱 살, 여섯 살 아이들인지라 보기에는 좀 엉성하지만 내용 면에서 찬찬히 따져보면 시대별 특징을 제대로 이해하고 있습니다.

아이들은 시대별로 주거지를 서로 다르게 그리고 있는데요. 우선 구석기시대는 동굴에서 생활하는 모습을 그렸습니다. 불을 피워 짐승들로부터의 공격도 막아내고 추위로부터 몸을 보호하고 있는 모습도 보입니다. 구석기시대를 설명하고 있는 사람도 짐승의 가죽으로 만든 옷을 입고 있습니다.

그리고 청동기시대의 그림판에서는 도구를 설명하는 해설자의 옷이 지배 계층을 상징하고 있습니다. 청동기시대로 들어서면 지배 계층과 피지배 계층이 생겨나게 되었고, 농기구는 여전히 석기를 사용했으며, 대표적인 청동기 유물로는 세형동검과 비파형 동검이 있음을 보여주고 있습니다. 이때의 가옥의 형태를 살펴보면 지상 가옥이 등장했습니다.

마지막으로 철기시대에 이르러서는 귀족계층이 금을 입힌 가옥을 지을 정도로 그 세력과 재력이 발달했고, 비단옷이 등장했으며, 강력한 철기 문화를 바탕으로 한 국가들이 곳곳에 세워지고 있음을 알 수 있습니다.

# 찬란한 땅, 사비시대!
# 태안반도와 서산, 부여

| **3-2 사회** | 우리 고장에 전해오는 문화축제에 대하여 조사해보자.
| **4-2 사회** | 옛 도읍지와 문화재에 대하여 알아보자.
| **6-1 사회** | 삼국 문화의 특징을 대표적인 유적과 유물을 통해 알아보자.

## 추천 코스 (1박 2일)

**출발** ▶ 서산마애 삼존불상 ▶ 태안 별주부 마을에서 맛조개 캐기 ▶ 간월도에서 영양굴밥 먹고 젓갈상회 구경하기 ▶ 숙소에서 1박 후 저녁식사 ▶ 남당항에서 늦은 아침식사(대하구이) ▶ 부여로 이동(정림사지 오층석탑, 국립부여박물관 관람) ▶ 궁남지에서 일몰 구경하며 산책하기 ▶ 귀가

충남 일대는 우리나라의 대표적인 백제 유적지입니다. 특히 이곳은 백제의 두 수도(웅진, 사비는 지금의 공주와 부여)가 위치했던 곳으로, 교과서에 실린 옛 도읍지들의 단아하고 기품 있는 모습을 직접 체험할 수 있는 곳이기도 합니다.

　한 나라의 역사가 남긴 문화의 발자취를 교과서에 실린 몇 장의 사진으로 알 수는 없습니다. 이제 교과서를 벗어나 아이들에게 역사의 생생한 현장과 살아 숨 쉬는 문화의 향기를 느끼게 해주십시오.

대하축제로 유명한 홍성 남당항 풍경

# 서산마애 삼존불상 백제인의 예술을 대표하다

**주소** 충남 서산시 운산면 용현리 2-1 | ☎ 041-660-2538

**서산마애 삼존불상**

백제인의 온화한 미소로 대변되는 서산마애 삼존불상은 국보 제84호이자 백제인의 예술세계를 대표하는 문화재입니다. 부처의 표정 하나만 놓고 보아도 우리나라 불교가 어떤 특징을 가지며 발달해왔는지 한눈에 알아볼 수 있습니다.

서산마애 삼존불상이 제작된 시대는 불교가 우리나라에 막 전파되기 시작한 초기 단계였습니다. 아직 기반을 다지지 못한 불교가 백성들 사이에서 깊이 뿌리내리려면 설법을 전파하는 부처와 보살들의 표정이 온화하고 미소를 머금어야 더 친숙하게 다가갈 수 있었을 것입니다. 반면 불교가 널리 전파되고 국가의 종교로 뿌리내린 시대 이후에 만들어진 불상들은 근엄한 표정을 짓고 있는 부처님이 많습니다. 대중들의 마음을 하나로 모으고 지도자의 권위를 드높이기 위한 중앙집권국가에서 흔히 볼 수 있는 형태의 불상입니다.

서산마애 삼존불상의 온화한 미소는 백성들의 마음을 얻으려는 지도자의 온화한 성정과 닮았다고 보면 됩니다. 서산마애 삼존불상은 은은하게 쬐이는 빛의 각도에 따라 그 미소가 달리 보이는 것으로도 유명합니다.

교과서에 가장 많이 등장하는 백제 문화재로는 서산마애 삼존불상, 백제금동대향로, 부여 정림사지 오층석탑, 백제의 기와문양, 무령왕릉이 있는데요.

이 중 마애불은 원래 낭떠러지에 조각한 불상이라는 뜻입니다. 불상이 있는 곳으로 올라가는 길은 조금 가팔라서 5분 정도는 가파른 계단을 올라가야 합니다.

불상의 제작 형식으로 보아 대략 6세기에서 7세기경에 만들어진 것으로 추정되며, 서산이라는 위치 자체가 태안반도와 부여의 중간 위치인 점으로 봐서 중국과의 활발한 문화교류를 심삭할 수 있습니다. 실제 중국 문헌에서 발견되는 백제인의 미소에 대한 그림도 서산 마애불의 미소와 닮아있는 그림들이 종종 발견되곤 합니다.

# 청포대 해수욕장 청정한 갯벌이 아름다운 청포대 해수욕장

**주소** 충남 태안군 남면 양잠리 · 원청리 | ☎ 041-672-9737

태안반도의 청포대 갯벌은 맛조개가 많이 나는 곳으로 유명합니다. 또 갯벌에서 살아가는 생명체를 가까이서 관찰할 수 있는 즐거움을 주는 곳입니다.

장난감과 게임에 찌든 우리 아이들의 뇌를 자극시키고 신선한 자연을 몸으로 체득시킬 수 있는 공간이 바로 갯벌입니다. 맛조개 캐기는 처음 시도할 때는 조금 어려운 감이 있지만 하다 보면 짜릿한 손맛에 반하게 됩니다.

바닥을 파다가 보이는 구멍에 천일염을 뿌리고 기다리면 맛조개가 쏘옥 올라오는데요. 그때 사정없이 잡아서 뽑아 올리면 됩니다.

신나는 맛조개 잡기

### 태안반도 별주부마을 맛조개체험 신청하기

갯벌체험을 원한다면 별주부마을을 추천합니다. 이곳에서는 갯벌체험 외에도 독살체험도 가능하지요. 갯벌체험 가격은 1인당 5,000원이며 문의전화를 한 후에 바로 할 수 있지만, 독살체험은 인원에 상관없이 오직 한 팀만 가능하며 30만 원이므로 미리 예약을 해야 합니다. 마을 내에서 숙박도 가능하며 야영장도 있습니다.

그리고 갯벌체험을 하기 전에는 꼭 기억해야 할 것이 있습니다. 첫째는 맛소금을 사용해서는 안 된다는 것입니다. 갯벌을 화학조미료로 오염시키면 후대에는 아름다운 갯벌을 볼 수 없으니까요. 그리고 둘째로 기억해야 할 것은 가급적이면 어민들에게 예약을 하고 가야 한다는 점입니다. 갯벌은 우리 모두의 것이기도 하지만 어민들에게는 생계의 터전입니다. 반드시 해당 마을을 통하여 예약문의(011-494-4307, http://www.byuljubu.com)를 하고 체험하는 게 어민들을 위해서나 갯벌을 위해서나 좋은 일이라 생각됩니다.

 교과서 돋보기

**갯벌이 우리 생활에 주는 이로움을 알아보자!**

첫째, 풍부한 식량 자원을 제공한다.
둘째, 태풍이 발생했을 때 방파제 역할을 한다.
셋째, 해안의 오염 물질을 정화해준다.
넷째, 자연학습장과 휴식처가 되어준다.

우리나라는 삼면이 바다로 둘러싸여 있어 다양한 모습의 바다를 감상할 수 있습니다.

수심이 깊고 검푸른 동해바다, 섬들이 점점이 흩어져 있어 해상국립공원으로 일컬어지는 다도해, 밀물과 썰물의 신비로운 자연경관을 간직한 서해바다가 바로 그것입니다.

그중 갯벌은 우리 생활에 큰 이로움을 주는 존재입니다. 마치 육지에서의 숲과 같은 역할을 하는 갯벌은 우리에게 각종 어류와 조개류 등 천연의 식량 자원을 제공하는데요. 이 모든 것들이 우리 생활에 필수 영양소를 공급하는 천연의 식량 자원이 됩니다. 그뿐만 아니라 갯벌은 태풍이나 해일이 발생할 때 방파제 역할을 하고, 해안의 오염물질을 정화하는 역할도 하며, 우리에게 아름다운 경치를 제공합니다.

# 남당항 대하축제 우리나라 최고의 대하 산지

**주소** 충남 홍성군 홍성읍 남당항 | ☎ 041-632-3616 | http://www.naepofestival.com/s05.html

싱싱한 남당항의 대하

서산마애 삼존불상을 구경하고 아래로 내려오면 남당항이라는 작은 항구를 만나게 됩니다. 해마다 9월 초부터 11월 초까지 이곳에서는 대하축제가 열리는데요. 상업적 성격이 강한 다른 지역의 축제와 달리 대하를 맛보는 추억을 더 중요하게 생각하는 지역축제입니다.

전국 대하의 70~80%가량이 태안과 천수만 일대에서 잡힌다고 하니 우리나라 최고의 대하 산지임이 분명합니다. 남당항은 가을에는 대하, 봄에는 쭈꾸미, 겨울철에는 새조개로 유명한 곳입니다. 식당들마다 가격은 비슷하니 서비스로 내어주는 전어구이나 다른 음식들을 가지고 잘 흥정해서 먹으면 됩니다.

# 국립부여박물관 백제 문화의 정수를 만나다

**주소** 충남 부여군 부여읍 금성로 | ☎ 041-833-8562 | http://buyeo.museum.go.kr

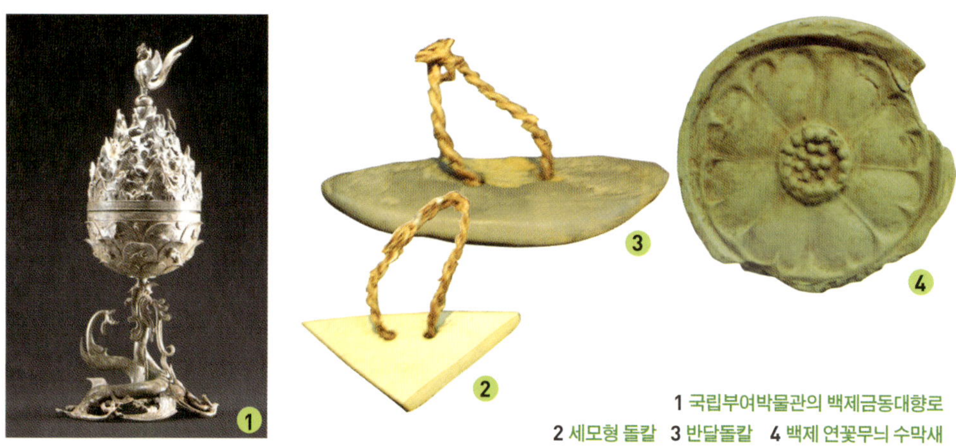

1 **국립부여박물관의 백제금동대향로**
2 **세모형 돌칼**  3 **반달돌칼**  4 **백제 연꽃무늬 수막새**

백제의 성왕은 적을 방어하기 힘들었던 웅진(지금의 공주)에서 사비(지금의 부여)로 도읍을 옮기고 백제의 중흥을 꿈꿉니다. 실제로 백제는 멸망하기 전까지 사비에서 찬란한 백제 문화를 꽃피우게 되는데요. 백제 문화의 신비로움은 이곳 국립부여박물관에서 확인할 수 있습니다.

국보급 문화제로는 국보 제287호인 백제금동대향로와 국보 제288호인 백제 창왕명석조사리감의 진품이 소장되어 있으며, 정교하고 아름다운 유물 다량이 전시되어 있습니다. 더군다나 옛 도읍지에 지어진 박물관이라는 점에서 국립부여박물관은 백제 문화의 정수라 일컬어집니다.

## 제1전시실 청동기부터 사비시대 이전의 역사를 그리다

청동기부터 사비시대 이전의 충남지역 유물을 전시하고 있는 공간입니다. 수량이 풍부하고 농토가 기름졌던 충남지역은 청동기인들이 마을을 이루고 살기에 매우 적당한 땅이었을 것입니다. 청동기시대에는 청동기로 만든 도구를 사용하긴 했지만 매우 귀하고 제작하기도 힘들었기 때문에 청동은 주로 무기라든가 세사용품, 지배자의 장신구 제작에 사용하였고, 일반 백성들은 신석기시대보다 더 정교하게 만들어진 석기를 농사의 도구로 사용하였습니다.

대표적인 예가 바로 반달돌칼인데요. 돌칼은 손잡이에 끈을 달아서 손에 걸고 벼이삭을 똑똑 따서 수확할 수 있게 만든 정교한 도구입니다. 또한 석질이 단단하고 날카로운 화강암을 이용해 만든 간돌검도 한반도 이남지역에서 많이 발견되는 청동기시대의 유적입니다.

그 밖에도 제1전시실에서는 송국리형 토기를 눈여겨볼 만합니다. 옛 마한 지역의 무덤 양식 중에는 항아리 두개를 이어 붙여서 어린 나이에 죽은 아이를 땅에 묻을 때 사용한 옹관묘가 있는데, 송국리형 토기는 이처럼 어린아이의 시신을 묻을 때 사용했습니다.

## 제2전시실 백제시대를 그리다

제2전시실에는 백제시대의 유물이 전시되어 있습니다. 백제금동대향로와 백제 창왕명석조사리감의 진품이 있으며, 칠지도와 백제인들이 사용하였던 생활문화 유물이 전시되어 있습니다. 국립부여박물관의 꽃이라고 볼 수 있는 전시실입니다.

백제문화는 소박하고 특징이 없다고 말하던 때가 있었습니다. 멸망한 국가인지라 유물들이 많이 파괴되고 절터도 대부분 소실되어 문화재다운 문화재를 발굴하기 힘들었던 때에 부여 능산리 고분터에서 발견된 이 백제금동대향로는 백제 문화에 대한 이야기를 다시 써야 했을 정도로 파격적이고 중요한 유물이었습니다.

규모도 웅장할 뿐만 아니라 금동으로 화려하게 만들어져 무늬 하나하나가 얼마나 섬세한지 모릅니다. 교과서에서 온화하고 세련된 백제 문화의 대표작으로 자주 거론되는 작품입니다.

이곳에는 백제의 불상과 기와들이 모여 있습니다. 백제는 지역적인 이점으로 중국과 일본 등 외국과의 교류가 활발했습니다.

특히 입구에 들어서면 중국인이 본 백제인의 모습과, 백제인이 표현한 백제인의 모습이 흥미를 끕니다. 신기하게도 중국인들은 백제인을 날카롭고 이지적으로 묘사한 반면, 백제인들은 스스로를 둥그스름한 얼굴 곡선에 미소를 머금은 부처님 같은 얼굴로 묘사하고 있습니다.

연꽃무늬 수막새와 치미, 금동미륵보살반가사유상 등의 유물에서 단정하고 기품 있는 백제인의 솜씨를 엿볼 수 있습니다. 금동미륵보살반가사유상은 워낙에 비중 있는 문화재인지라 국립부여박물관에 전시되어 있다가도 다른 곳에서 전시하느라 간혹 볼 수 없는 경우도 있습니다.

### 국립부여박물관 관람안내

| 구분 | 운영시간 |
| --- | --- |
| 평일 | 09:00~18:00 |
| 토, 일, 공휴일 | 09:00~19:00 |
| 야간개장<br>(4~10월 매주 토요일) | 09:00~21:00 |

- 휴관일은 매주 월요일과 매년 1월 1일입니다.
- 단체 관람이나 전시 해설을 원할 때에는 홈페이지를 통해 예약해야 합니다.
- 국립부여 어린이박물관에서는 탁본 뜨기(재료비 1,500원), 백제 왕족 의상 입어보기(무료), 정림사지 오층석탑 쌓아보기(무료), 각종 역사책 읽기 등 다양한 활동을 할 수 있으며, 놀토 프로그램도 운영하고 있습니다.

**백제의 도읍지에 대해 알려주세요!**

백제의 첫 도읍지는 현재의 서울 송파구 지역으로 추정되며, 백제를 세울 당시에는 위례성이라 일컬어졌습니다. 서울은 한강이 동쪽과 서쪽을 관통하는 곳이어서 고구려와 백제, 신라 삼국은 이 한강 유역을 차지하기 위해 그야말로 치열하게 전투를 벌였습니다. 그 치열함의 흔적은 송파구의 풍납토성과 몽촌토성, 그리고 서울 광진구 아차산에 남아있는 아차산성과 고구려 보루 등에서 찾아볼 수 있습니다.

이외에도 첫 도읍지였던 위례성 유역에는 백제 초기의 무덤인 석촌동 고분과 방이동 고분이 남아 있습니다. 석촌동 고분은 돌을 쌓아 만든 돌무지무덤의 형식을 띠고 있고, 방이동 고분은 동그란 봉분 안에 돌로 된 방이 있는데, 이런 무덤 양식은 모두 고구려의 것입니다.

또한 백제는 한강 유역에 도읍지를 세웠기 때문에 파란만장한 싸움을 계속해야 했습니다. 지금의 한강 유역에는 양쪽으로 높은 빌딩들이 들어서 있지만 과거로 거슬러 올라간 삼국시대 때는 그야말로 풍부한 강수량과 농사짓기에 적당한 기름진 땅, 강으로 물자 조달이 가능한 최적의 교통 요건, 중국과 무역이 가능한 바다를 접하고 있는 천혜의 땅이었습니다. 백제는 이곳을 가장 먼저 점령했기 때문에 삼국 중에서 가장 먼저 전성기를 맞이할 수 있었습니다.

백제의 전성기를 이끌었던 근초고왕은 남으로 마한 세력을 통합하고 북으로는 한강 이북까지 진출하면서 그야말로 백제의 이름을 드높이게 됩니다. 그러나 강력한 힘을 앞세운 고구려 군에 밀려 한강 유역을 빼앗기게 되지요. 게다가 고구려 장수왕의 남하정책에 밀려 위례성마저 빼앗긴 후 오늘날의 공주인 금강 유역의 웅진으로 도읍지를 옮기게 됩니다. 하지만 백제는 그냥 밀리고만 있을 수 없었습니다. 그래서 이웃나라 신라와 동맹(나제동맹)을 맺고 고구려에 맞서 싸우지요. 이후 백제는 도읍지를 사비로 옮겨 국력 회복에 박차를 가합니다. 이것이 백제가 도읍지를 그토록 옮겨 다니면서 나라를 유지해야 했던 이유입니다.

# 정림사지 오층석탑 백제시대 석탑의 예술

**주소** 충남 부여군 부여읍 동남리 379 | ☎ 041-830-2114 | http://www.buyeotour.net

**목조 건축을 본따 만든 정림사지 오층석탑**

백제시대의 절들은 '~지'라고 불리는 절터만 남아있고, 절이 있었던 장소에 탑 하나만 덩그러니 남아있는 경우가 많습니다. 충남과 전북 일대의 정림사지, 백암사지, 보원사지, 미륵사지 등이 그러한 예인데요. 패자의 최후가 그렇듯이 문화재의 소실도 많았던 것으로 짐작됩니다.

정림사지 오층석탑 역시 절터였던 정림사는 사라지고 탑만 남아있는 상태인데, 백제시대 석탑의 아름다움을 잘 보여주고 있어서 국보 제9호로 지정되어 있습니다.

정림사지 오층석탑이 남아있는 곳에는 정림사지박물관이 있고 그곳에서 탑을 축조하는 과정을 모형으로 상세하게 볼 수 있습니다. 아이들과 함께 과거의 탑이 어떤 과정으로 만들어졌는지 알 수 있는 기회가 될 것입니다.

고구려 탐방을 마치고 백제 탐방을 시작합니다. 부여의 중심부에 절터가 있고 그 중앙에 정림사지 오층석탑이 보입니다. 석탑 앞에 서서 지붕돌을 눈여겨봅니다. 지붕 끝부분이 살짝 들린 모습이 가지런하면서도 날렵해 보입니다. 백제의 뛰어난 건축기술과 아름다움을 느낄 수 있습니다. 백제 문화의 특징인 온화함과 섬세함이 이

석탑에 잘 나타나 있습니다. 백제 문화는 일본 문화에 많은 영향을 주었다고 합니다.

- 교육과학기술부 사회(6-1학기) 내용 중에서 -

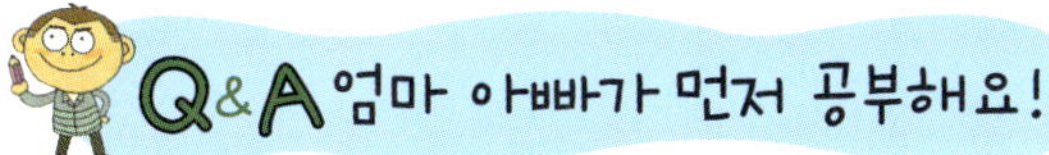


## Q. 지금은 왜 목탑을 많이 찾아볼 수 없나요?

불교가 널리 전해지면서 우리나라에서는 부처님의 사리를 모셔두기 위한 탑을 많이 만들었습니다. 처음에는 주로 나무로 건축했다고 합니다. 나무로 만든 탑들은 건축물과 비슷한 모양새로 매우 높고 웅장했지만, 만들기도 어렵고 금방 썩거나 불에 타버려서 부처님의 사리를 모실 공간으로 매우 부적합했습니다.

예전에는 많은 목탑이 있었지만 지금까지 남아있는 목탑은 별로 없습니다. 법주사의 팔상전이 현존하는 대표적인 목탑입니다. 그 외에도 높이가 80m나 되었다고 전해지는 동양 최고의 목탑인 황룡사 구층탑은 몽골의 침입으로 불타 없어졌습니

정림사지 오층석탑의 축조 과정

다. 그렇다면 목탑의 문제점을 무엇으로 보강할 수 있었을까요? 다행히 우리나라는 질 좋은 화강암을 매우 쉽게 구할 수 있었습니다. 화강암은 조각 작품을 만드는 데 매우 좋은 재료입니다.

만드는 방법이나 모양새를 목탑과 비슷하게 하면서도 질 좋은 화강암으로 탑을 만들다 보니 초기의 탑 양식은 목탑의 모양새를 많이 닮아 있습니다. 정림사지 오층 석탑을 자세히 보면 날아갈 듯 소박하게 하늘로 뻗어있는 지붕돌이 한옥을 닮아 있습니다. 돌로 탑을 만들게 되면서 크기는 목탑보다 많이 작아졌지만 그 아름다움은 시대가 흐를수록 빛을 발하고 있습니다.

삼국시대를 지나 통일신라시대에 이르면 이제 탑은 부처님의 사리를 모셔놓는 작은 공간이 아닌 다보탑과 석가탑처럼 하나의 아름다운 조각품으로 그 미술적인 가치를 인정받게 됩니다. 우리나라에 많이 나는 질 좋은 화강암으로 역사에 길이 남 는 아름다운 작품을 만들어낸 석탑 문화는 이제 정림사지 오층석탑과 마찬가지로 국보로서 그 가치를 인정받고 있습니다.


# 궁남지 백제 왕실의 아름다운 정원

**주소** 충남 부여군 부여읍 동남리 117 | ☎ 041-830-2114 | http://www.buyeotour.net

성왕은 백제의 중흥을 꾀하기 위해 사비로 도읍지를 옮기지만, 결국 전쟁에서 패해 실패하고 후에 무왕이 즉위하면서 강력한 제국을 형성하게 됩니다. 무왕은 서동과 선화공주의 설화로 유명한 바로 그 분입니다.

무왕은 궁의 남쪽에 휴식하기 좋은 정원을 만들었고 연못도 만들었습니다. 그곳 이 바로 궁남지입니다. 궁남지에는 무왕의 탄생설화도 함께 전해 내려오고 있습니다.

궁을 나와 혼자 살던 여인이 용과 정을 통해 아이를 낳았는데, 그 아이가 바로 백제의 30대 왕인 무왕이라는 내용입니다. 용은 임금을 가리켰으니 무왕은 아마 왕의 아들이었던 것을 짐작해볼 수 있습니다.

현재의 궁남지는 복원된 것으로 규모 면에서는 실제보다 많이 축소되었지만 왕실 정원의 아름다움을 느껴보기에는 손색이 없습니다. 해마다 궁남지 주변에서는 매년 7월에 서동연꽃축제도 열려 재미있는 볼거리를 제공합니다. 이 축제에서는 서동과 선화 퍼레이드와 이벤트, 각종 경연대회, 상설 체험행사 등이 열리므로 시기를 잘 맞추어 방문할 것을 권합니다. 자세한 일정은 부여군청 문화관광과(041-830-2828)로 문의하시기 바랍니다.

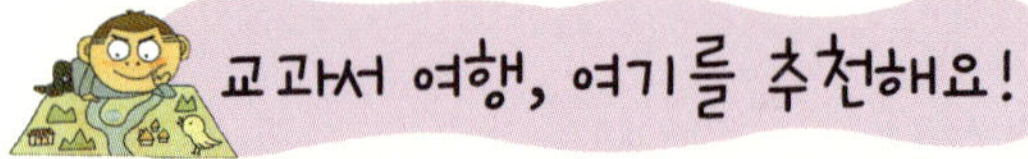


## 행복감이 절로 드는 맛집 간월도 큰마을 영양굴밥

**주소** 충남 서산시 부석면 간월도리 89-2 | ☎ 041-662-2706

**향긋한 바다향이 물씬 풍기는 영양굴파전**

10월 하순에서 이듬해 이른 봄까지 가장 간절하게 먹고 싶은 음식이 바로 굴입니다. 향긋한 바다 냄새 가득한 굴을 한입에 베어 물면 이보다 더 행복할 수는 없다는 생각이 절로 듭니다. 만약 그 맛있는 굴로 만든 온갖 음식을 다 먹을 수 있다면 정말 환상적이지 않을까요?

간월도로 접어드는 초입에 들어서면 큰마을 영양굴밥이라는 간판이 보입니다. 이 집에서 굴파전과 영양굴밥을 시키면 먼저 달래간장과 파전을 내옵니다. 간장에다가 달래와 굴이 가득한 파전을 찍어 먹으면 굴향기가 온몸을 채웁니다.

영양굴밥에는 몸에 좋은 굴과 대추, 밤, 인삼, 은행이 가득한데요. 여기에 어리굴젓을 얹어 먹어도 좋고, 마른 김에 영양밥을 한술 얹어 달래간장을 뿌려먹어도 좋습니다. 식후 먹을 수 있는 숭늉과 곁들이 반찬들도 훌륭합니다.

# 객실이 무척 아름다운 추천 숙소  청포대 썬셋리조트

**주소** 충남 태안군 남면 양잠리 1232-2 | ☎ 041-675-6567 | http://www.sspension.co.kr

바다가 보이는 외경과 벨단지의
아름다운 객실 에디스

청포대 해수욕장 입구에 위치해 있는 청포대 썬셋리조트에는 편의점과 정육점, 노래방 등 각종 부대시설
이 구비되어 있으며, 30~40명이 묵을 수 있는 큰 방도 있어 단체 여행객들에게도 안성맞춤입니다.
객실은 매우 청결하며 각종 체험 프로그램도 연계하여 이용할 수 있어 산뜻한 숙소를 선호하는 분들에게
추천하고 싶은 숙소입니다.


# 청포대 갯벌과 가까운 숙소  별주부해송민박

**주소** 충북 태안군 남면 원청리 559-4 | ☎ 041-674-5001 | http://www.haesong.kr

태안 별주부마을 안에 있는 해송민박은 적정한 가격에 평범한 민박이지만, 청포대 갯벌에서 걸어서 1~2
분 거리인 최적의 위치에 자리 잡고 있습니다. 또한 별주부마을에서 운영하는 독살체험과 갯벌체험과 배
낚시 예약을 받기도 합니다.
별주부해송민박은 한번 찾은 사람들이 지속적으로 찾는 곳이기도 합니다. 시설은 다른 민박과 별반 다르
지 않으나 가족 여행자들이라면 독채를 사용할 것을 권하고 싶습니다.

# 화려하고 경이로운 백제의 도읍지
# 공주

## 추천 코스 (1박 2일)

**출발** ▶ 무령왕릉 ▶ 국립공주박물관 ▶ 점심식사 ▶ 공산성 ▶ 충남산림박물관(숙소 근처 라면 방문) ▶ 숙박 ▶ 아침식사 ▶ 공주 석장리박물관 ▶ 마곡사 ▶ 귀가

충청남도는 삼국시대 국토의 정중앙에 위치해 있고 먹을거리와 철이 풍부하여 삼국의 격전지가 되었던 땅입니다. 또한 이곳은 아름다운 금강을 끼고 있고 산세가 깊고 수려하여 선사시대 때부터 우리 조상들이 모여 살았던 생명의 터전이기도 합니다.

한성 백제가 함락되었을 때 수비에 능한 지형적 특성으로 백제의 두 번째 도읍이 되어 꺼져가는 백제의 불씨를 다시 살린 곳이 공주입니다. 따라서 백제시대를 공부하기 위해서는 빠뜨리면 안 되는 필수 방문지라고 할 수 있습니다.

저는 겨울이면 가고 싶은 곳으로 공주를 손꼽습니다. 일단, 박물관 중심으로 관광지가 잘 발달되어 있어서 따뜻한 실내에서 이곳저곳으로 이동하면서 편하게 관람할 수 있으며, 파라다이스 도고스파와 덕산 스파캐슬이 지척에 있어서(약 1시간 거리) 여행 후 피로를 풀고 귀가할 수도 있어 좋습니다.

무령왕릉의 내부 모습

# 무령왕릉 송산리 고분군, 동아시아 고고학계를 뒤흔들다

**주소** 충남 공주시 웅진동 57 | ☎ 041-856-0331

**무령왕릉에서 출토된 화려한 유물들**

송산리 고분군은 백제시대에 조성되었습니다. 여러 군데의 무덤들 중에서 왕릉으로 밝혀진 고분은 무령왕릉이 유일합니다. 나머지 고분들은 발굴하기 전에 이미 도굴되어서 유구의 주인이 누구인지 알 수 있는 흔적들이 모두 사라졌습니다.

백제가 패자의 역사로 분류되어 이렇다 할 획기적인 유물들이 발굴되지 않았던 시절, 백제에 대해 우리에게 이야기해줄 수 있는 자료들은 많지 않았습니다. 많은 사찰들이 사라지고 없었고, 유물도 신라에 비하여 많지 않아 백제 문화에 대한 연구가 지지부진했었지요.

그러나 1971년 송산리 고분군에서 무령왕의 무덤 지석묘가 발견되면서 화려하고 경이로운 백제 문화가 우리 앞에 그 모습을 드러내기 시작했습니다. 당시 무령왕릉의 발견은 동아시아 고고학계를 뒤흔드는 엄청난 사건이었습니다. 사마왕이라는 이름으로 몇몇의 고서에만 이름이 전해졌던 무령왕의 실체가 왕릉을 통하여 역사적인 사실로 드러났기 때문입니다.

송산리 고분군에 가면 무령왕릉의 실제 내부에는 들어갈 수 없고 모형관을 통해 그 내부를 살펴볼 수 있습니다. 다만 무령왕릉과 함께 이웃해 있는 다른 고분군 주변을 산책하는 것은 가능합니다.

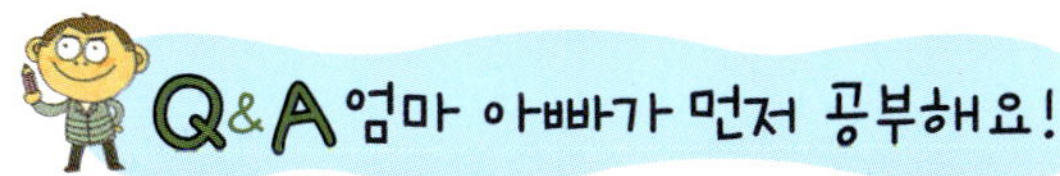


## Q. 무령왕은 어떤 업적을 이루었나요?

돌무지 덧널무덤으로 도굴이 어려웠던 신라의 왕릉에 비하여 백제의 무덤들은 대부분 도굴되었던 터라 백제 문화를 증명해줄 유물의 발견이 더뎠습니다. 그러던 중에 1971년 무령왕릉의 발견은 그야말로 전 국민에게 충격과 흥분을 안겨준 일대의 사건이었습니다.

백제를 중흥시킨 제25대왕 무령왕

작은 봉분 내에서 출토된 유물만 하더라도 3,000여 점! 금관장식에 붙어있던 오랜 세월의 흔적을 닦아내면서 화려함의 극치인 백제 문화가 우리 앞으로 성큼 다가왔습니다.

무령왕릉이 발견되기 전, 우리는 백제 문화를 소박하고 아담하며 단아한 아름다움을 가진 문화로 평가해왔습니다. 그러나 무령왕릉에서 출토된 유물들은 화려하기 그지없었고, 세밀하게 세공된 금제품을 보더라도 그 기술이 어느 정도였는지를 짐작할 수 있습니다.

무령왕은 백제 제25대 왕으로 즉위합니다. 삼국사기에는 무령왕의 아버지가 동성왕으로 되어 있지만, 사실 무령왕 즉위 전에 나라를 통치했던 동성왕과 무령왕의 나이는 비슷합니다. 또한 일본서기(日本書紀)와 중국의 송서(宋書)에 따르면 무령왕을 개로왕의 아들로 보는 등의 여러 가지 설들이 있는데, 동성왕의 배다른 형이라는 설이 더 설득력을 얻고 있습니다.

무령왕이 왕위에 오르기 전의 백제는 최악의 상황에서 조금씩 회복되어가는 중이었습니다. 개로왕이 고구려와의 전투에서 패하여 한강 유역을 빼앗기고 웅진으로 급히 도읍을 정한 후 왕위에 올랐던 문주왕, 삼근왕은 모두 귀족들에게 죽임을 당했습니다. 왕권이 불안정한 가운데 왕위에 올랐던 동성왕도 귀족들 간의 힘의 균형을 이루지 못해 결국 신진세력이었던 백가에 의하여 살해당합니다. 무령왕은 40세의 늦은 나이에 즉위하며 반란세력 백가를 처단하고 즉위 초기부터 고구려에 대한 공격적인 정복전쟁을 통해 왕권을 강화해 나갑니다. 또 중국과 활발한 문화교류를 펼쳤으며 일본 왕에게 사신을 보내어 청동거울을 하사하는 등 일본에 백제 문화를 전파하는 데도 크게 공헌하였습니다. 또한 민생 안정에도 큰 역할을 하였습니다. 삼국시대 백성들에게 가장 중요했던 식량 문제를 해결하기 위하여 철제농기구를 많이 개발하고 보급하여 농업의 발전에도 크게 기여하였습니다.

# 국립공주박물관 국보급 문화재를 만날 수 있는 곳

**주소** 충남 공주시 정지사길 30 | ☎ 041-850-6300 | http://gongju.museum.go.kr

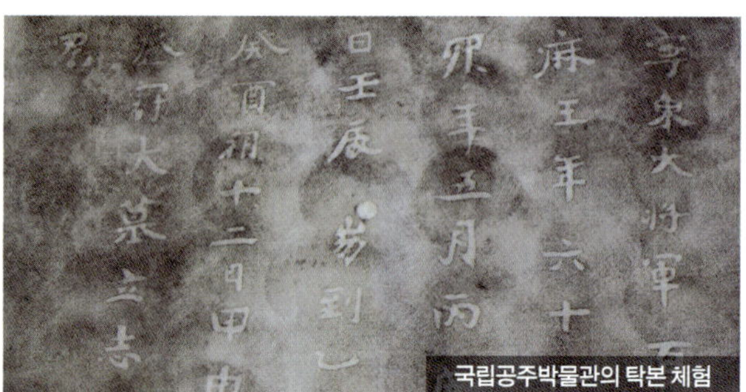


무령왕릉의 발견으로 웅진시대의 백제 문화가 화려한 모습을 드러냄에 따라 작은 박물관이었던 국립공주박물관에도 가치 있고 화려한 국보급 문화재들이 전시되기 시작하였습니다. 국립공주박물관에는 무령왕릉실과 웅진문화실이라는 두 개의 실내 전시공간 외에도 야외마당 전시공간이 있으며, 어린이 문화체험공간도 있어 가족 단위의 관람객들에게 추천하고 싶은 곳입니다.

　무령왕릉실 전시공간에 있는 석수는 진묘수라고도 불리는데, 우리나라 최초로 공주 무령왕릉에서 발굴되었습니다. 무덤 안에 들어온 악귀를 쫓아내고 죽은 자의 영혼을 저승으로 인도하는 역할을 담당했다고 합니다. 원래 중국에서 전래된 것으로 알려져 있는데, 현재는 국립공주박물관에서 소장하고 있습니다. 처음에 무령왕

무덤 입구를 지키는 석수 (국보 제162호)

릉 발굴팀에서 무덤을 열었을 당시 이 석수는 통로 중앙에서 밖을 향하여 놓인 채로 발굴되었습니다. 희귀하다는 측면에서 학술적 가치가 인정되기에 국보로 지정되었습니다.

　구당서라는 책을 들여다보면 백제왕은 검은 비단으로 만든 모자의 양옆 혹은 앞뒤에 금제장식을 달았을 것으로 짐작됩니다. 왕비의 금제장식보다는 왕의 금제장식이 더 화려하고 아름다우며 127개의 구슬을 꿰어 만든 영락을 달아 장식하였습니다. 둥근 원으로 표현된 영락의 세공기술을 보면 백제의 뛰어난 금속공예술을 엿볼 수 있습니다.

　이 금제장식은 무령왕릉에서는 왕의 머리맡에 놓여 있었다고 합니다. 장식의 모

왕의 금제장식 (국보 제154호)

청동제방격규구신수문경 (국보 제161호)

양도 아름답지만 비대칭으로 만들어져 예술적인 가치를 더하고 있습니다.

무령왕릉에서는 3개의 청동거울이 출토되었는데요. 이는 모두 왕의 부장품들입니다. 그중 가장 눈길을 끄는 청동거울은 뒷면의 거울걸이를 중심으로 4각의 구획이 있고 그 주위에 신수(용, 봉황, 해태 등의 신령스러운 짐승)를 표현한 방격규구신수문경입니다. 무령왕이 즉위한 이후 일본 왕에게 하사한 청동거울과 비슷한 모양을 하고 있습니다.

이 거울에 묘사된 사람은 신선을 표현하듯, 머리에는 상투를 틀고 반나체에 삼각하의만 입은 모습인데요. 손에는 창을 들고 네 마리의 큼직한 짐승들을 사냥하고 있습니다. 거울의 손잡이 주위에는 사각형의 윤곽을 만들고 작은 돌기들을 배열한 다음 그 사이에 12간지의 글씨를 새겨 놓았는데요. 이를 통해 백제 지배층의 도교사상을 엿볼 수 있습니다.

청동거울은 예로부터 지배자의 권위를 상징하는 만큼 무령왕릉에서 발견된 방격규구신수문경 역시 무령왕의 권위를 상징하는 부장품이라 할 수 있습니다.

이외에도 어린이 문화체험공간이 있어 아이들과 즐거운 박물관 놀이가 가능합니다. 국립박물관은 어느 박물관이나 할 것 없이 어린이 체험교실이 마련되어 있으며 박물관 홈페이지에 접속하면 어린이용 워크시트를 다운받아 미리 백제에 대한 문제를 풀어보며 공부할 수 있으니 방문 전에 참고하기 바랍니다.

# 공주 공산성 백제 문주왕 때의 도읍지

**주소** 충남 공주시 금성동 65-3 | ☎ 041-856-0334 | http://www.gongju.go.kr

한성에 도읍지를 세우고 전성기를 누리던 백제는 개로왕 대에 이르러 고구려에서 보낸 승려 도림의 꼬임에 빠져 실정(失政)을 하게 되고, 결국 고구려 장수왕의 침략을 받아 처형당하게 됩니다. 고구려에게 한성 유역을 빼앗긴 백제는 여느 지역보다 디 문화가 발달하고 지역적으로도 방어하기 용이했던 웅진으로 도읍을 옮깁니다.

웅진은 지역적인 기반이 튼튼한 곳이어서 빠른 시간 내에 도읍으로서의 면모를 갖출 수 있었습니다. 그러다가 문주왕 대에 세운 성이 바로 공산성입니다. 방어적인 기능 외에도 왕이 거주하였던 왕성으로서의 기능이 있었으며, 그 자태가 아름다워 사시사철 가족과 연인들의 산책로로 많은 사랑을 받고 있습니다.

저는 겨울에 함박눈이 내리면 생각나는 곳이 바로 공산성입니다. 4월에서 10월 말까지만 행해지는 웅진성수문병교대식은 볼 수 없지만, 사각사각 눈 밟는 발자국 소리를 들으며 눈 내린 금강을 가슴에 품고 산성을 트레킹 하는 기분은 이루 말할 수 없이 황홀하기 때문입니다.

## 웅진성 수문병 교대의식  특별한 행사도 구경하고, 체험도 하고!

공주시에서는 역사적 고증을 거쳐 왕성을 지키던 수문병들의 교대의식을 역사 재현 프로그램으로 복원하여 많은 사랑을 받고 있습니다. 금서루 근처에서는 왕, 왕비, 장수 등의 의상을 관광객들이 직접 입어볼 수 있는 체험도 할 수 있어 눈길을 끕니다.

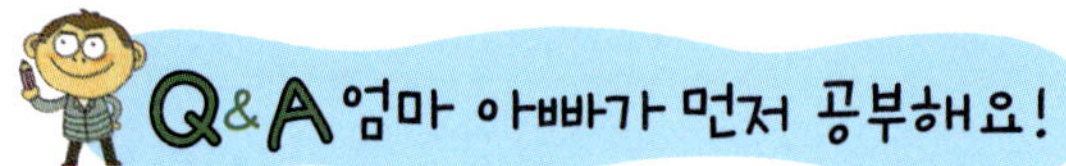


### Q. 백제는 왜 고구려 군에 정복되었나요?

근초고왕 대에 전성기를 구가하던 백제는 안정된 정치를 지속하다가 20대 비유왕 대에 이르러 왕권이 크게 약화됩니다. 귀족세력의 성장은 곧 왕권 약화로 이어졌습니다. 개로왕은 이를 크게 우려하여 정복전쟁을 통하여 군대를 강화했으며 민심을 잘 보살피는 걸출한 군주로 거듭났습니다. 그러나 개로왕이 바둑을 너무나 좋아하였던 점은 백제의 국운을 기울게 하는 원인이 되고 말았습니다.

백제의 한강 유역을 호시탐탐 노리고 있던 고구려의 장수왕은 승려 도림을 첩자로 보내 개로왕의 신임을 얻게 합니다. 도림은 바둑을 아주 잘 두는 승려였습니다. 도림은 바둑으로 개로왕의 환심을 샀고, 시간이 지나면서 개로왕은 도림을 측근에 두고 여러 가지 정치적인 조언을 받기에 이릅니다.

도림의 충고로 궁궐을 신축하는 공사를 진행한 개로왕은 이 대대적인 사업 탓에 백성들의 원성을 한몸에 사게 되었고 국방을 소홀히 하는 우를 범하게 됩니다. 고구려의 장수왕은 이 틈을 놓치지 않고 공격해왔고, 개로왕은 고구려의 장수들에게 목숨을 내주게 됩니다. 개로왕의 죽음으로 한성 백제의 찬란했던 시대는 막을 내렸고, 웅진으로 도읍을 천도합니다.

# 석장리박물관 구석기시대의 유적지

**주소** 충남 공주시 장기면 금벽로 990 | ☎ 041-840-2491 | http://www.sjnmuseum.go.kr

동굴에 그림을 새기는
구석기인 모형과
슬기슬기사람

공주 석장리 박물관은 구석기시대의 유적지입니다. 석장리 유적지가 발굴되기 전에는 우리나라에 구석기가 있었느냐는 문제에 대해 의견이 분분했습니다. 인류 역사의 대부분이 구석기시대인 만큼 구석기 문화를 가진 나라들의 자긍심은 대단했습니다.

우리나라 역시 공주 석장리에서 남한 최초로 구석기 유적이 발굴되면서 구석기시대에 대한 관심이 증폭되었고, 그 이후로 1,000여 곳이 넘는 구석기 유적들이 속속 발굴되었습니다. 그렇게 구석기시대의 연구는 활기를 띠게 됩니다. 특히 구석기가 없는 줄로만 알았던 우리나라에서 잔석기라고 하는 가장 발달된 구석기 문화의 유물이 출토되고, 연천 전곡리에서는 아슐리안 계통의 주먹도끼가 출토되면서 그야말로 가장 정교하게 발달된 구석기문화가 한반도에 존재했다는 것이 전 세계에 알려지게 되었지요.

석장리 박물관에 들어서면 아름다운 금강을 배경으로 구석기시대의 움막집이 복원되어 있습니다. 공원을 산책하다가 입구에 들어서면 뗀석기를 제조하고 있는 슬기슬기사람의 동상을 만나게 됩니다. 슬기슬기사람은 '호모사피엔스사피엔스'로 현생 인류의 조상입니다. 오른편의 슬기슬기사람은 이제 막 사냥을 끝낸 듯 짐승을 어깨에 둘러매고 있습니다.

실내 전시관은 자연, 인류, 생활, 문화, 발굴이라는 다섯 가지 테마를 중심으로 전시하고 있으며, 주로 석장리에서 발굴된 구석기시대 유물에서부터 현생 인류의 탄생에 이르는 역사를 한눈에 알아볼 수 있게 꾸며져 있습니다.

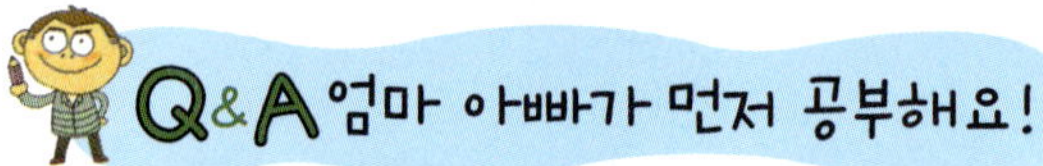


### Q. 석기시대의 돌들과 우리 주변에서 흔히 볼 수 있는 돌은 어떤 차이가 있나요?

구석기시대의 뗀석기 유물들은 정말로 흔히 볼 수 있는 돌과 비슷합니다. 하지만 우리는 이 돌들을 그냥 돌이라 하지 않고 유물이라 부릅니다. 왜 그럴까요? 일단 유물로 인정되려면 그 돌들이 발견된 주변공간이 구석기시대의 것임을 입증할 수 있는 증거물들이 발굴되어야 합니다. 지질구조라든가, 구석기인들이 살았던 집터라든가, 짐승의 뼛조각 등이 바로 그것입니다.

일단 구석기시대의 거주공간이었음이 입증되면 다음으로 발굴된 돌에서 인간이 뇌를 사용하여 다듬은 흔적이 인정되어야 합니다. 즉 어떤 목적을 가지고 도구를 만들기 위해 돌을 다듬은 흔적이 있어야 한다는 것이죠. 그래서 석기의 유물들은 우리가 흔히 길거리에서 볼 수 있는 돌들과는 다릅니다.

## 뗀석기의 종류로는 무엇이 있나요?

구석기시대를 대표하는 석기는 뗀석기입니다. 정교하게 갈아서 사용하던 간석기와 다르게 눌러 떼거나 돌로 쳐서 깨진 부분의 성질에 따라 다양한 쓰임새에 맞게 사용하는 석기입니다. 뗀석기에는 다음과 같이 여러 가지 종류가 있습니다.

**새기개**  구석기인들도 뼈와 나무에 정교한 선을 내어 무엇인가를 표현하였습니다. 그럴 때 사용하던 도구가 새기개입니다.

**주먹도끼**  구석기시대를 대표하는 석기로, 만능도구라고 할 수 있습니다. 짐승을 사냥할 때도 썼고, 나무나 뼈를 가지고 도구를 만들 때도 사용했습니다. 언뜻 보면 무척 허술해 보이지만 상당히 가공할 만한 위력을 가지고 있었습니다.

**찍개**  사냥한 짐승을 찍어서 토막 내거나, 뼈를 부수거나, 나무를 쪼개는 등의 거친 작업에 사용되던 도구입니다. 사방으로 날카로운 면이 나오도록 부숴서 만든 것입니다.

**밀개**  나무의 껍질이나 짐승의 가죽을 벗기는 데 사용되었던 도구입니다. 우리는 흔히 돌을 가지고 짐승의 두꺼운 가죽을 어떻게 벗겼을까 하고 생각하기 쉬운데, 실제로 밀개를 그대로 제작하여 짐승의 가죽을 벗겨보면 세밀하리만큼 아주 잘 벗겨집니다.

**슴베찌르개** 슴베는 호미나 괭이, 칼, 화살 따위의 자루 속에 박아 무기나 생활도구로 쓰는 뾰족하고 날카로운 돌을 일컫는 용어입니다. 슴베찌르개는 주로 자루에 꽂아서 창처럼 사용할 수 있도록 만들었으며, 가공할 만한 파괴력을 자랑했습니다.

**좀돌날** 구석기시대에서 신석기시대로 넘어가는 과도기가 되면 몸돌에서 돌날을 떼어내 나무 틈에 끼운 다음 아교풀을 붙여 날카로운 칼이나 톱 같은 연장을 만드는 좀돌날이 성행하였습니다. 이와 같이 몸돌에서 떼어져 나온 돌을 이용하여 자잘하고 세밀한 연장을 만들었던 시대를 구석기시대 중에서도 잔석기시대라고 부릅니다.

슴베찌르개

좀돌날

**인류의 진화 과정이 궁금해요!**

인류의 진화 과정은 시대에 따라 달라집니다. 최초의 인류는 키와 뇌의 크기가 작았고, 구부정한 형태로 걸었습니다. 그러다가 시간이 흐르면서 점차 직립보행을 하고 도구도 다양하게 만들어 생활하기에 좀더 편리한 방법을 찾게 되었습니다.

인류의 진화 과정을 간단히 정리하면 다음과 같습니다.

| 구분 | 원인(猿人) | 원인(原人) | 구인(舊人) | 신인(新人) |
|---|---|---|---|---|
| 명칭 | 베이징인, 자와인<br>호모 에렉투스<br>(곧선사람) | 오스트랄로피테쿠스<br><br>– | 네안데르탈인<br>호모 사피엔스<br>(슬기사람) | 크로마뇽인<br>호모<br>사피엔스사피엔스<br>(슬기슬기사람) |
| 시대 | 약 50만 년 전 | 약 300만 년 전 | 약 20만 년 전 | 약 3~4만 년 전 |
| 특징 | • 지혜의 발달<br>• 불과 언어 사용 | • 최초의 인류<br>• 직립 보행<br>• 간단한 도구 사용 | • 시체를 매장하기 시작했고 음식과 도구를 함께 묻음<br>• 사후 세계에 대한 관심 | • 현생 인류의 직접적인 조상<br>• 동굴벽화 제작<br>• 활과 낚싯대 사용 |
| 뗀석기 활용 | 주먹도끼라는 돌망치 사용 | – | 돌칼, 돌송곳, 돌창 같은 다듬어진 석기 사용 | 돌(슴베찌르개)을 다듬어 사냥 도구로 사용 |

## 삼림욕을 할 수 있는 휴양지 금강자연휴양림

**주소** 충남 공주시 반포면 도남리 12-2 | ☎ 041-850-2686 | http://www.keumkang.go.kr

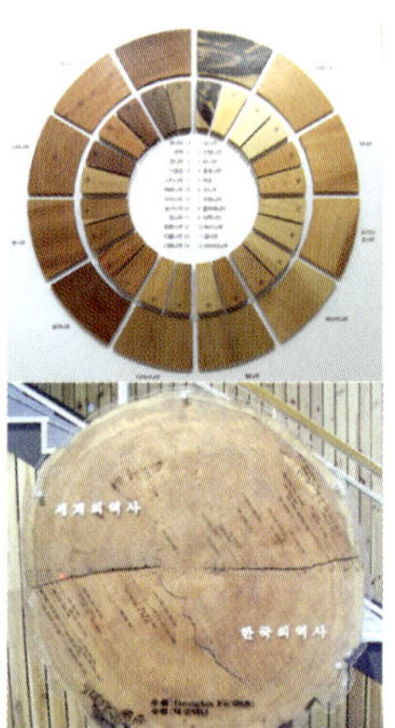

수려하고 아름다운 강을 끼고 울창한 산림 내에 자리 잡은 계룡산 끝자락에 금강자연휴양림이 있습니다. 충남산림환경연구소가 있는 곳이며, 근처에는 우리나라 최고의 충남산림박물관이 있어 아이들과 함께 숲에 대하여 공부하기에도 안성맞춤입니다.

시설이 깨끗하고 넓으며 가격도 저렴해서 마음껏 삼림욕하면서 숲에 대하여 체험하고 공주라는 주변 관광지와도 연계하기 좋은 곳입니다. 박물관 인근에는 석장리박물관이 위치하고 있습니다.

# 숯불의 깊은 맛이 일품인 음식점  새이학가든

**주소** 충남 공주시 금성동 173-5 | ☎ 041-854-2030

충청도에 가서 돼지갈비를 주문하면 주방에서 숯불로 한 번 구운 다음 야채를 얹어 양념하여 구워진 돼지갈비를 뜨거운 돌판에 올려서 내오는 경우가 많습니다. 이것을 석갈비라고 부릅니다. 새이학가든은 석갈비가 맛있는 집입니다. 반찬들도 몸에 좋은 웰빙 음식들로 가득합니다. 따로국밥 맛도 일품인데, 박정희 대통령이 생전에 즐겨 찾았던 음식이라고 합니다.

**새이학가든의 석갈비**

## 떠나기 전에 알아봐요!

### 공주를 여행할 때에는 꼭 알아두세요!

공주를 여행할 때에는 공주 사이버시민증을 미리 발급해두면 좋은데요. 공주시청 홈페이지에 로그인한 후 개인 정보창을 이용하면 됩니다. 7세 이하의 자녀가 있는 경우에는 가족회원으로 등록하여 가족회원증을 발급받으면 됩니다. 바로 프린트하거나 모바일로 전송받아 이용할 수 있습니다.

### 공주시 사이버시민에게 주어지는 혜택

1. 무령왕릉, 공산성, 석장리박물관의 입장료가 면제됩니다.
2. 문자와 이메일을 통해 공연 및 축제 정보가 안내됩니다.
3. 농·축산물 직거래 알선 및 제휴 식당이나 쇼핑몰에서 할인 혜택이 주어집니다.
   사이버가맹점 현황은 http://cyber.gongju.go.kr 홈페이지를 참고하기 바랍니다.

# PART 4

# 경상도로 떠나는 교과서 여행

# 사과처럼 붉고 아름다운 가을의 추억 문경

## 추천 코스 (1박 2일)

**출발** ▶ 문경석탄박물관 ▶ 진남교반 ▶ 문경 철로자전거 ▶ 문경새재 앞에서 점심식사 ▶ 새재길 트레킹 ▶ 문경온천 ▶ 저녁식사 ▶ 숙박 ▶ 문경 짚라인, 사계절 썰매장, 사격장 등 다양한 레저체험 ▶ 고모산성 ▶ 귀가

원래 탄광촌이었던 문경은 탄광이 폐광된 후 그 자리에 나무를 심어 사시사철 눈부신 도시로 탈바꿈하였습니다.

문경에는 이곳저곳에 문화재도 많지만 서바이벌 게임, 철로자전거, 활공장, 사격장, 사계절 썰매장, 짚라인, ATV 탑승 등 즐길 수 있는 레포츠가 많아 가족 여행객들에게 좋은 여행지입니다.

또한 수도권과 남부지방의 중간지점에 위치해 있어서 1박 2일 코스로 여행일정을 잡아도 부담 없이 다녀올 수 있습니다. 초등학생 이하의 어린 자녀를 두신 분들이라면 사계절 썰매장과 철로 자전거를 일정에 포함시키고, 조금 더 큰 자녀들이라면 짚라인 문경 프로그램을 넣어서 여행할 것을 추천합니다.

수려한 풍경을 자랑하는 문경새재 길

# 문경새재 새도 날아오르기 힘든 고개였다는 문경새재

**주소** 경북 문경시 문경읍 상초리 288-1 | ☎ 054-571-0709 | http://saejae.mg21.go.kr

문경새재의 제1관문인 주흘관 풍경

문경새재는 왜 '새재'라는 이름이 붙었을까요? 고갯길들은 대부분 죽령, 이화령, 추풍령과 같이 '령'이라는 글자로 끝나는 경우가 많은데 문경새재만 유독 새재라고 부릅니다.

　문경새재는 백두대간의 조령산 마루를 이어주는 높고 험한 고갯길이었으며 낙동강 유역과 한강 유역을 이어주는 교두보 역할을 하였습니다. 그런데 고개가 너무 험난해서 '새도 날아오르기 힘든 고개'라 하여 '새재'라고 부르게 되었다고 합니다.

　문경새재 길은 영남지방의 선비들이 과거를 보러 한양에 갈 때 주로 이용했던 길입니다. 영남지방에서 한양을 가려면 죽령 고개도 있고 추풍령 고개도 있는데 왜 험난한 문경새재 길을 이용했던 것일까요? 여기에는 재미있는 사연이 얽혀 있습니다.

　영남지방의 선비들 사이에는 문경새재가 아닌 죽령 고개를 넘어 한양에 가면 '죽을 쑨다'는 말이 있었다고 합니다. 시험을 보기 위해 밤낮으로 공부했는데 '죽을 쑤고' 싶은 선비는 없었겠지요. 그러면 왜 추풍령으로는 다니지 않았을까요? 그 이유는 과거 보는 선비가 추풍령을 넘게 되면 '추풍낙엽처럼 우수수 떨어진다'고 해서 다니지 않았다고 하는군요. 단순한 말장난 같지만 오매불망 장원급제가 꿈이었던 선비들에게는 정말 중요한 문제였을 것입니다. 반면에 문경새재 길은 금의환향길, 장원급제 길이라고 하여 무척 좋아했다고 합니다.

문경새재를 트레킹하다 보면 중간 중간에 선비들이 묵어갔던 주막과 책을 읽으며 쉬었던 '책 바위'를 발견할 수 있습니다. 이제는 이 험난한 길이 교통수단으로 이용되지는 않지만 대신 수려한 풍경과 삼림욕 효과로 수많은 사람들이 즐겨 찾는 관광명소가 되었습니다.

### 옛길 박물관 고갯길에 얽힌 특별한 이야기가 있는 곳!

교통로가 오늘날처럼 발전하지 못했던 옛날에는 고갯길이 백성들의 주요 교통로였습니다. 한양으로 과거시험을 보러 떠나는 선비에서부터 궁에 상소를 올리러 가던 지방 양반들, 이 마을 저 마을을 떠돌아다니며 물건을 팔던 보부상, 농민, 부녀자, 아이들 할 것 없이 고갯길은 우리에게 없어서는 안 될 중요한 길이었지요.

옛길 박물관에 머무르는 동안에는 옛길에 얽힌 다양한 유물과 민속자료들을 살펴볼 수도 있고, 영남대로의 굽이굽이 고갯길을 따라 얽히고설킨 조상들의 사연 속으로 잠시나마 퐁당 빠져볼 수도 있습니다. 옛길 박물관에 관한 자세한 정보는 홈페이지(http://www.oldroad.go.kr, 054-550-8365)를 참조하세요.

# 문경석탄박물관 실제 갱도를 체험할 수 있어요!

**주소** 경북 문경시 가은읍 왕릉길 112 | ☎ 054-550-6424 | http://www.coal.go.kr

돌석탄을 채굴했던 문경의 모습은 문경석탄박물관을 찾아가면 만날 수 있습니다. 문경석탄박물관은 국내에 여러 개 있는 석탄박물관 중에서 유일하게 폐광이 된 자리에 만들어져 실제 갱도를 직접 체험할 수 있고 광부들이 머물렀던 사택을 구경할 수 있어 현장감을 더합니다. 실제 석탄박물관이 개관하기 전까지는 은성광업소라는 이름으로 채굴이 이루어지고 있었습니다.

석탄박물관의 전체 디자인은 연탄 두 장을 나란히 포개놓은 형상을 하고 있어 매우 독특합니다. 전시장 구성은 1, 2층 전시관과 야외 전시장, 그리고 은성갱이라 불리는 갱도 전시장, 광원 사택 전시관으로 나뉘어져 있습니다.

은성갱 갱도체험장 내부와 연탄갈이 체험

## 문경석탄박물관 이용안내

| 구 분 | | 박물관과 세트장 입장료 | 모노레일카 이용시 |
| --- | --- | --- | --- |
| 개인 | 어른 | 2,000 | 5,000 |
| | 청소년 | 1,500 | 3,800 |
| | 어린이 | 800 | 2,500 |
| 단체 | 어른 | 1,500 | |
| | 청소년 | 1,000 | – |
| | 어린이 | 500 | |

- 개관시간　하절기(3~10월) 09:00~18:00 운영, 17:30분까지 입장 가능
  　　　　　동절기(11~2월) 09:00~17:00 운영, 17:00분까지 입장 가능
- 휴관일은 1월 1일, 음력 설날 및 추석 당일입니다.
- 모노레일카는 박물관과 별도로 운영되며, 문경 시민은 주민등록증 제시자에 한해 50% 할인을 적용합니다.
- 어린이는 7~12세, 청소년 13~18세, 어른은 19~64세까지이며, 군인은 청소년 요금을 적용합니다.
- 모노레일카 매표소와 입장료 매표소는 별도로 운영됩니다.

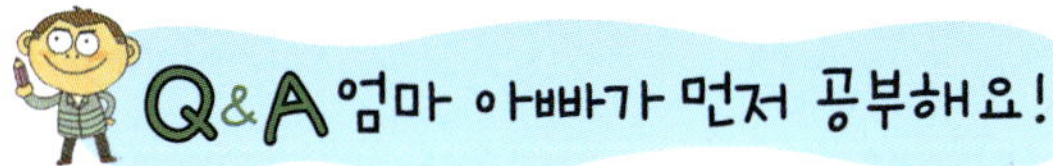


## Q. 세계적으로 석탄이 널리 쓰이게 된 것은 언제부터일까요?

석탄이 널리 쓰인 것은 영국의 산업혁명 이후부터입니다. 석탄을 넣어 전차를 달리게 했던 옛 영화의 한 장면이 떠오를 것입니다. 우리나라는 구한말의 대장간에서 석탄을 사용했던 흔적이 있다고 합니다. 석탄과 석유 모두 화석은 아니지만 고생물의 유해가 오랜 세월에 걸쳐 만들어졌다는 점에서 화석연료라고 부릅니다.

## Q. 석탄과 석유는 각각 어떻게 만들어질까요?

석탄은 수명이 다해 죽거나, 홍수에 휩쓸린 식물들이 토사에 묻히거나, 강이나 늪 바닥에 가라앉아 만들어집니다. 이때 토사 안이나 늪 바닥에서는 산소가 부족해서 부패되지 않는데요. 그 상태로 점점 더 깊이 가라앉아 시간이 지나면 높은 열과 압력을 받아 석탄으로 변하게 됩니다.

석유는 이와 달리 바다생물의 사체로 만들어집니다. 수많은 바다생물의 사체는 진흙이나 모래에 묻히게 되는데, 묻힌 곳은 지각변동으로 육지가 되기도 합니다. 이

때 흙속에서 박테리아의 활동으로 산소가 모두 없어진 후 점점 깊이 퇴적되어 높은 열과 압력을 받으면 석유로 변합니다.

# 진남교반과 철로자전거 폐광과 자연의 어울림을 만나다

**주소** 경북 문경시 마성면 신현리 126-1 | ☎ 054-553-8300 | http://www.mgtpcr.or.kr

폐광된 철로를 달리는 철로자전거와 구 역사를 그대로 사용하는 진남역

문경에서 가장 아름다운 길을 드라이브하고 싶다면 진남교반 길을 추천합니다. 점촌에서 문경, 충주 방면으로 3번 국도를 따라 구불구불한 길을 가다 보면 문경 탄광의 복구된 폐광지 전경이 나타나는데요. 그 길을 따라 계속해서 S자로 이어진 국도를 달리면 오른쪽 강변길로 기암괴석과 층암절벽이 펼쳐집니다. 바로 그 절벽들 사이로 철교와 3개의 교량이 보이는데, 이것을 진남교반이라 부릅니다.

진남교반이 이루어내는 자연과 인공미의 아름다움은 대한민국에서 찾아보기 힘든 몇 안 되는 절경입니다. 그래서 이 일대의 솔숲과 모래밭에는 철마다 많은 관광객들이 줄을 잇습니다. 여름에는 야영도 가능하니 캠핑 마니아들에게는 더할 나위 없는 장소지요.

이 진남교반에 위치한 진남역에서는 철로자전거를 탈 수 있습니다. 탄광에서 석탄을 실어 나르던 철로를 어떻게 사용할까 고민하다가 생겨난 체험이라고 합니다. 자진거만 타면 그저 그럴 테지만 탄광을 실어 나르던 산과 강의 풍경이 어찌나 아름다운지 자전거 페달을 돌리면서도 눈을 떼지 못한답니다. 어른 두 명과 아이 두 명이 타기에 적당하며, 한 대를 빌리는 데 10,000원입니다. 철로자전거는 미리 예매를 하는 게 좋으며, 코스는 상행선과 하행선으로 나누어집니다.

상행선은 강과 산을 번갈아 달리며 석탄의 이동 수단으로 사용하던 굴을 통과하기도 하는 등 좀 더 다양한 볼거리를 제공합니다. 그런 반면 하행선은 눈부신 강물을 바라보며 쭉 달려갔다가 돌아오는 코스입니다. 원하는 코스가 있다면 미리 그날 어떤 코스가 운행되는지를 문의하는 것이 좋습니다. 철로자전거는 불정역과 진남역 두 군데서 탑승이 가능하니 관광지와의 동선을 고려해 탑승하기 바랍니다.

## 철로자전거 이용안내

| 구 분 | 대상 | 사용료 | 비고 |
| --- | --- | --- | --- |
| 사용료 전액 | 개인 | 10,000 | 1대(어른 2명, 어린이 2명) |
| | 단체 | 8,000 | 1대(15대 사용시) |
| 사용료 감면 | 문경새재 유스호스텔 숙박자<br>청소년수련관 숙박자<br>불정자연휴양림 숙박자<br>문경석탄박물관 이용자<br>문경관광사격장 이용자 | 7,000 | 사용료 30% 감면 |

- 운행시간
  하절기(3~9월) 09:00~18:00
  동절기(10~2월) 10:00~16:00
- 어린이는 어린이날에 한해 5,000원으로 입장할 수 있습니다.
- 철로자전거 운행구간
  1코스 : 진남역-불정역(왕복 4km)  /  2코스 : 불정역-주평 방면(왕복 3.6km)
- 문의 : 054-553-8300 (진남역) / 054-554-8300 (불정역)

# 진남휴게소의 ATV 체험 가족과 함께하는 즐거운 레저 활동!

**주소** 경북 문경시 마성면 신현리 132-10 | ☎ 054-572-2404, 010-7475-8806

진남교반의 절경 속에 진남휴게소가 자리하고 있는데, 이곳에서는 다양한 레저 활동을 즐길 수 있습니다. 저는 그중에서도 가족끼리 즐길 수 있는 레저 활동으로 사륜 오토바이인 ATV 탑승을 추천합니다.

ATV 코스를 따라가 보면 일단 진남휴게소를 빠져나와 산길로 접어들게 되는데, 단순한 산이 아니라 아름다운 계곡물을 따라가는 코스라서 신록이 푸르른 계절이나 단풍철에는 그 풍경이 그야말로 절경입니다.

계곡물을 따라가다가 본격적인 계곡을 만나 물길을 헤치고 가기도 하고 다시 산으로 올라가 살짝 난이도 있는 산길에 접어들기도 하는 스릴을 맛볼 수 있습니다. ATV는 초보자가 운전하는 데도 어려움이 없으며 교관들이 안내를 해주기 때문에 안전합니다.

진남휴게소의 절경을 만끽할 수 있는
신나는 ATV 체험하기

## 문경약돌돼지의 쫄깃함을 맛볼 수 있는 금강산가든

**주소** 경북 문경시 문경읍 하리 353-4 | ☎ 054-571-7200

지역마다 다양한 돼지고기를 개발하여 선보이고 있는데, 문경에서는 약돌을 사료에 섞어 먹여서 키운 돼지가 유명합니다. 이름난 맛집도 많은데, 그중에서도 문경새재에서 승용차로 5분 거리에 있는 금강산가든을 추천합니다. 약돌이라는 어감에서 느껴지는 찰지고 쫀득쫀득한 맛이 살아 있으며 참숯을 벌겋게 달구어 도톰하게 구워내는 돼지고기 맛이 일품입니다. 버섯전골과 두부전골도 맛있지만 문경에 갔다면 특산물인 약돌돼지를 꼭 맛보기 바랍니다.

쫀득쫀득하고 고소한 맛이 일품인 문경약돌돼지

## 기차 안에서 하룻밤을 보내는 이색 숙소 문경 불정기차펜션

**주소** 경북 문경시 불정동 418 | ☎ 054-552-2356 | http://pensiontrain.korail.com

불정역은 고색창연하고 아름다운 자태를 그대로 간직하고 있어 근대건축문화재로 지정된 곳입니다. 그 불정역과 함께 색다른 기차펜션이 오픈되었습니다. 정선의 테마열차펜션이 인기를 끌면서 문경에서도 기차펜션을 개장하게 되었는데, 무척 인기가 있습니다.

보통 취사가 금지되어 있는 다른 기차펜션들과 달리 바비큐장이 마련되어 있어 바비큐파티도 할 수 있습니다. 기차펜션에 숙박하면 인근 점촌역과 연계하여 다양한 체험활동을 즐길 수 있는데, 그 비용이 무료입니다. 또한 불정역 기차펜션 앞의 영강에서 올갱이잡기 체험도 할 수 있습니다.

문경의 이색 숙소로 손꼽히는 불정기차펜션 풍경

# 신라, 천년고도의 역사를 만나다
# 경주

**추천 코스** (2박 3일)

**출발** ▶ 경주 도착 후 점심식사 ▶ 신라역사과학관 ▶ 석굴암 ▶ 불국사 ▶ 감포에서 노을 보며 저녁식사 ▶ 숙소에서 1박 ▶ 남산 등반 ▶ 점심식사 ▶ 포석정 ▶ 대릉원, 첨성대, 계릉, 석빙고 ▶ 안압지에서 일몰 감상 ▶ 저녁식사 ▶ 숙소에서 1박 ▶ 국립경주박물관 및 국립경주 어린이박물관 탐방 ▶ 귀가

도시 전체가 세계문화유산으로 지정되어 있는 천년고도 경주야말로 우리 문화의 자긍심과 사랑을 느끼게 하는 아름다운 교과서 여행지입니다.

이곳이 수학여행지로 가장 사랑받았던 이유는 발길 닿는 곳마다 문화유산을 발견할 수 있기도 하지만 그 가치 또한 우리 문화유산에 있어 상당한 것이기 때문입니다.

그뿐만 아니라 계절마다 색다른 아름다움을 감상할 수도 있어 가족여행을 하기에도 참 좋습니다. 수학여행만으로 충족되지 못했던 경주 여행의 백미를 가족 여행을 통해 다시 만나러 떠나볼까요?

목련이 흐드러진 불국사의 봄 풍경

# 불국사 신라 건축예술의 백미

**주소** 경북 경주시 진현동 15 | ☎ 054-746-9913 | http://www.bulguksa.or.kr

세상에서 가장 아름다운 절을 짓겠다는 김대성의 다짐처럼 불국사는 참으로 고색 창연합니다. 불국사에 첫발을 내딛었던 유네스코 심사단들이 경탄하며 원더풀을 외칠 수밖에 없었던 이유를 저 역시 불국사의 청운교와 백운교를 보는 순간 이해했 습니다.

불국사는 천년의 세월을 이어온, 그 시대를 풍미했던 건축 예술의 백미를 보여 주고 있다는 점에서 다른 사찰들과 그 멋을 달리합니다. 개인적으로 제가 사찰 여행 을 즐기는 이유는 아름다운 자연 속에 파묻혀 자연과 하나가 된 건축물의 아름다움 이 스님들의 초연한 멋과 잘 어우러지기 때문입니다. 그러나 불국사는 깊은 산속에 파묻혀 있지 않으면서도 그 사찰 자체만의 아름다움으로 주변을 압도합니다. 화강암이라는 어렵고 까다로운 돌을 떡 주무르듯이 끼우고 맞추어 연출해낸 미학적인 가치는 말보다는 눈으로 직접 확인해봐야 합니다.

불국사 역시 여러 전쟁의 상처를 피해갈 수는 없어서 지금 현재 남아있는 건축물 중 신라시대 것은 석축과 다리, 탑 정도가 전부입니다. 그러나 몇 안 되는 현존하는 건축물에서 느껴지는 신라의 향기는 너무나 진하고 아름답습니다.

돌을 다루는 기술의 극치를 보여주는 석축, 통일신라 최고의 탑인 다보탑과 석가탑, 국보 제23호로 지정된 청운교와 백운교는 국어, 사회 교과서에 단골로 등장하는 최고의 건축물입니다.

아이들과 함께 청운교와 백운교 아래에 물이 흘렀던 옛 시절로 돌아가 이야기를 나누어보는 것도 행복한 추억이 될 것입니다.

다보탑

## 불국사 관람안내

| 구분 | | 요금 | |
| --- | --- | --- | --- |
| 개인 | 어른 | 4,000 | |
| | 청소년(13~18세) | 3,000 | |
| | 어린이(7~12세) | 2,000 | |
| 단체<br>(30인 이상) | 청소년 | 2,500 | |
| | 어린이 | 1,500 | |
| | 7세 이하 어린이 | 10인 이상 | 1,000 |
| | | 10인 미만 | 무료 |

• 관람 시간은 07:00~17:00까지입니다.

## Q. 무구정광대다라니경은 무엇이며 어떻게 발견되었나요?

절에 예외 없이 탑이 있는 이유는 무엇일까요? 멋스러움 때문일까요? 탑이 존재함으로써 사찰의 매력이 빛을 발하는 것은 사실입니다. 그러나 절에 있는 탑은 부처님의 사리를 모셔놓은 곳으로 일종의 무덤으로 볼 수 있습니다. 그래서 탑은 오랜 세월 동안 도굴의 대상이 되었습니다. 도굴범들은 탑 속에 들어있는 사리, 엄밀히 말하여 금이나 은으로 만들어졌던 사리장치들을 훔쳐내려 했습니다.

석가탑도 도굴범들의 위협을 피해갈 수 없어 고쳐지어야 할 정도로 망가졌던 때가 있었습니다. 결국 1966년 법회를 열고 석가탑의 복원을 위해 탑을 해체하는 작업을 거치는 과정에서 국보 제126호인 목판인쇄물 무구정광대다라니경을 발견하게 됩니다. 무구정광대다라니경은 현존하는 세계 최고(最古)의 목판인쇄물이며, 현재는 서울의 국립중앙박물관에서 전시하고 있습니다. 무구정광대다라니경에는 인간의 죄를 없애는 방법이 기록되어 있다고 합니다.

# 석굴암 경주 토함산의 세계문화유산

**주소** 경북 경주시 진현동 999 | ☎ 054-746-9933 | http://www.sukgulam.org

경주 자체가 세계문화유산으로 등록되어 있지만 그중에서도 가장 먼저 세계문화유산으로 등록된 곳이 석굴암입니다. 석굴암을 세계문화유산으로 등록해 달라는 접수를 받은 유네스코는 심사를 하기 위해 경주를 방문하게 됩니다. 그런데 석굴암을 보기 위해서는 불국사를 거쳐야 하지요. 심사단은 겸사겸사 불국사를 구경하고 석굴암으로 가기로 결정합니다. 그런데 정작 불국사에 도착한 그들은 불국사의 눈부신 아름다움에 감탄을 금치 못합니다. '원더풀'을 연발하던 그들은 한국의 문화재청 담당자에게 불국사도 함께 세계문화유산으로 신청할 것을 권유합니다. 이것이 바로 석굴암과 불국사가 우리나라에서 가장 먼저 세계문화유산으로 등록된 뒷이야기입니다.

척박한 산악지역에 나라를 세운 신라는 문무왕에 이르러 삼국을 통일합니다. 처절했던 전쟁을 마무리한 다음에는 민심을 얻어 나라의 기강이 바로잡히기를 바랐겠지요? 그래서 그들은 불교를 국교로 채택하여 백성들이 동요하지 않고 안정되도록 한 것입니다.

석굴암 본존불상

석굴암과 불국사는 신라가 아닌 통일신라의 불교 유적입니다. 그래서 초기 불교 유적지들보다 훨씬 더 세련되고 웅장하며 화려한 느낌을 줍니다. 삼국을 통일한 신라이니 삼국문화를 모두 흡수하여 탄생한 세련됨은 말로 표현할 수가 없었겠지요.

일본인에 의해 처음 발견된 석굴암은 원래 그 자체가 석불사라는 하나의 절이었다고 합니다. 당시 일본인들은 석굴암을 발견하고 본인들의 생각대로 뜯어고치는 우를 범했는데요. 그로 인해 치밀하고 완벽한 수학적인 원리를 사용하여 만들어진 석굴암이 많이 훼손되고 말았습니다. 석굴암의 신비한 수학적 건축 원리는 신라역사과학관에 가면 제대로 공부할 수 있습니다. 특히 석굴암이 위치한 방에 있는 천장 덮개돌의 과학적 원리에 대해 아이들과 함께 공부해보기 바랍니다. 아이들이 굉장히 재미있어합니다.

경주 불국사의 아름다운 건축구조



불교의 윤회사상은 삶이 거듭하여 계속된다는 것으로, 사람이 한 번 태어나서 죽으면 그것으로 끝이 아니라 다시 훗날에 새로운 삶으로 태어나 계속 이어진다는 설입니다. 신라인들의 윤회사상이 잘 반영되어 있는 이야기가 바로 석굴암과 불국사를 건축한 김대성에 관한 전설입니다.

위대한 건축가 김대성에게는 어머니가 두 분 계셨습니다. 한 분은 전생의 어머니 경조부인, 다른 한 분은 현생의 어머니인 김문량의 부인이었습니다. 원래 김대성은 가난한 과부의 아들로 태어났습니다. 어머니인 경조부인이 아파서 일을 못하게 되자 김대성은 생계를 이어가기 위해 복안이라는 부잣집에서 일을 하게 됩니다. 복안에게 받은 밭을 부처님께 시주한 후 김대성은 얼마 지나지 않아 시름시름 앓다가 죽게 되고, 과부였던 경조부인은 아들마저 잃고 나자 앓아눕고 맙니다. 김대성이 세상을 떠난 다음날 신라 귀족인 김문량이 하나의 꿈을 꾸게 됩니다.

꿈속에 나타난 신선은 모량리에 살았던 김대성이라는 아이가 너희 집에서 태어날 것이라는 예언을 합니다. 결혼 후 10년 동안 아이가 없던 김문량은 이를 부처님의 계시라 여기고 모량리에 사람을 보내어 알아보게 한 결과 실제로 김대성이라는 아이가 모량리에서 살았고 부처님께 밭을 시주하고 세상을 떠났다는 사실을 알게 됩니다. 얼마 후 정말로 부인은 아들을 낳았고 아들은 신기하게도 왼손을 꼭 쥔 채로 태어납니다. 그로부터 일주일 후 아이가 손을 폈는데 그 손에는 '대성'이라는 두 글자가 적혀 있었습니다. 김문량은 꿈을 꾼 일이 실제로 일어났음을 깨닫고 원래 대

성의 어머니였던 경조부인을 모셔와 함께 살도록 배려했습니다. 김대성은 전생에
서와 마찬가지로 부처님의 가르침대로 겸손하게 살기 위해 노력했답니다. 그 결과
오늘날 찬란히 빛나는 세계문화유산을 우리 후손들에게 남겨줄 수 있었던 것이죠.
김대성의 이야기에는 부모를 향한 지극한 공경과 사랑, 그리고 신라인들이 가지고
있었던 불교의 윤회사상이 고스란히 녹아있어 그 감동을 더합니다.

# 신라역사과학관 경주 문화재를 한 번에 만날 수 있는 곳

**주소** 경북 경주시 하동 201 | ☎ 054-745-4998 | http://www.sasm.or.kr

이곳은 매우 작은 박물관이지만 경주
여행에서 빼놓을 수 없는 중요한 장소
입니다. 과학적 원리로 만들어진 우리
의 문화재를 정교하게 복원하여 전시
하고 있기 때문입니다. 이곳에서는 실
제 견학에서는 볼 수 없는 석굴암의
구조를 살펴볼 수 있으며 오대산의 상
원사 동종의 모형과 그 주조 과정도
알 수 있습니다.

신라역사과학관 전경

　학교에서는 수학여행을 경주로 가게 되면 반드시 이곳을 방문합니다. 석굴암과
첨성대 등 각종 문화재를 탐방하기 전에 미리 모형으로 자세히 공부해두기 위해서
입니다.

　1층 전시실 한가운데에는 첨성대가 자리 잡고 있고, 하늘을 쳐다보면 신라인들
이 미래를 점쳤던 하늘의 별자리들이 반짝이고 있습니다. 또한 황남대종과 천마총

에서 발견된 유물들이 양쪽으로 자리 잡고 있습니다. 신라역사과학관은 다른 유적지를 둘러보기 전에 방문해서 미리 공부하고 가면 참 좋은 장소입니다.

신라역사과학관 관람안내

| 구분 | 개인 | 단체 |
| --- | --- | --- |
| 어른 | 3,000 | 2,000 |
| 청소년 | 2,000 | 1,500 |
| 어린이 | 1,500 | 1,200 |

- 관람 시간
  하절기(3~10월) 09:00~18:30
  동절기(11~2월) 09:00~17:00

# 감포 문무대왕릉 동해의 용이 되어 나라를 지키리라!

**주소** 경북 경주시 양북면 봉길리 앞 해중

대왕암이 바라다보이는 감포 앞바다

감포에 있는 문무대왕릉은 가까이서 보기는 어렵지만, 삼국 통일의 대업을 이룩한 문무왕에 대해서도 공부하고 아름다운 석양과 파도를 감상하거나 여름에 피서지로서의 매력을 느끼기에 훌륭한 장소입니다. 문무대왕릉의 자세한 모습은 신라역사과학관 옥상에 전시된 모형을 통하여 자세히 살펴볼 수 있습니다.

'만파식적'이 무엇인지 여러분은 알고 있나요? 지금부터 들려주는 이야기는 신기한 피리 만파식적에 관한 재미있는 이야기입니다.

삼국통일의 과업을 이룩한 문무왕이 죽은 후 그 아들 신문왕이 왕위에 오릅니다. 신문왕은 문무왕의 유언에 따라 동해바다에 능을 만들어 유골을 모시게 되는데, 후손들은 문무왕의 수중무덤을 대왕암이라 부르고 있습니다. 어릴 때부터 유독 효심이 깊었던 신문왕은 문무왕을 그리워하며 대왕암에 자주 들렀고, 문무왕의 업적을 기리기 위해 대왕암이 보이는 언덕에 감은사를 짓습니다.

감은사를 짓는 과정에서 고구려, 백제, 신라 출신의 기술자들이 하루도 거르지 않고 다투는 모습을 보면서 신문왕은 삼국을 통일하긴 하였지만 아직까지 백성들의 마음을 하나로 모으지 못하고 있는 것 같아 걱정이 많았습니다.

그러던 어느 날 감은사에서 화합의 기도를 올리던 신문왕은 대왕암 근처 바다에 작은 산 하나가 두둥실 떠내려오는 모습을 발견합니다. 그 작은 산은 신문왕 앞에서 갑자기 둘로 갈라졌고, 산에서 자라고 있던 대나무들도 반으로 갈라지는 기이한 현상이 일어납니다. 이에 신문왕은 점술가를 불러 이 현상에 대해 묻습니다. 점술가는 돌아가신 문무왕과 김유신 장군이 바다의 용이 되어 신라를 지켜주고 있음을 고하면서, 곧 문무왕이 선물을 내릴 것이라고 알려줍니다.

그날 밤 하늘과 땅이 흔들리고 요란한 소리가 나서 신문왕이 바다로 달려가니 갈라져 있던 두 산이 하나로 합쳐지고 신비로운 빛이 나타납니다. 신문왕은 서둘러 배를 띄우고 산으로 올라갑니다. 그때 산에서 용 한 마리가 나타나 문무왕이 보낸 사신임을 알리고 옥으로 만든 띠를 하사하며 말합니다. 반으로 갈라졌다가 다시 합쳐졌던 대나무로 피리를 만들어 불면 백성들이 화합할 수 있을 것이라고 말입니다.

신문왕은 그 뒤에 작은 산에서 자라던, 갈라진 대나무를 베어 피리를 만들어 불었는데 가뭄 때 피리를 불면 단비를 내려주고, 풍랑이 이는 바다 위에서 피리를 불면 파도가 잠잠해졌으며, 백제와 고구려, 신라 사람들이 다투지 않고 화합하게 만드는 신비한 능력을 발휘했다고 합니다. 이때부터 신문왕의 피리를 '만파식적', 즉 모든 파도를 가라앉게 만드는 피리라고 불렀고, 통일된 신라는 비로소 신문왕 때 이르러 태평성대를 누리게 됩니다.

이 이야기는 삼국유사에 전해오는데 실제로 조선 숙종 때 경주에서 길이가 약 53cm 정도 되는 옥피리가 발견되었으며 대나무처럼 마디가 나뉘어져 있고 신문왕 때 만들어졌다는 기록이 있는 것으로 보아 만파식적은 실제로 존재했을 가능성이 매우 크다고 알려져 있습니다. 만파식적 이야기는 통일된 신라가 삼국의 백성들이 화합하기를 얼마나 염원했는지를 보여주는 좋은 예라고 할 수 있습니다.

# 포석정 신라의 번영과 종말을 상징하는 곳

**주소** 경북 경주시 배동 454 | ☎ 054-745-8484

**포석정의 가을 풍경**

포석정 하면 신라 제55대 왕이었던 경애왕이 왕비와 신하, 궁녀들을 모아놓고 물길 위에 술잔을 띄워 흥청망청 놀다가 후백제의 견훤에게 죽임을 당하고 능욕을 당했던 장소라고 알고 있는 분들이 많을 것입니다. 과연 그게 사실일까요?

다음은 한국관광공사 홈페이지에 나온 포석정에 대한 설명입니다.


927년 신라 경애왕이 이곳에서 잔치를 베풀며 놀고 있다가 후백제 견훤의 습격을 받아 붙잡히게 되어 스스로 목숨을 끊었던, 신라 천년 역사의 치욕이 담긴 장소이기도 하다. 그러나 최근에는 포석정이 단순한 놀이터가 아니라 왕과 귀족들의 중대한 회의 장소 또는 제사 장소이기도 했다는 학설이 제기되고 있다. 현재 사적 제1호로 지정되어 있다.

– 한국관광공사의 '포석정'에 대한 설명 –


포석정 이야기를 삼국사기에 기록해놓은 김부식은 어떤 인물일까요? 김부식은 고려시대에 이름을 떨치던 문인으로 학계에서는 김부식이 쓴 『삼국사기』를 삼국의 역사를 다룬 정사로 인정하고 있습니다. 그러나 승자의 역사가 다 그러하듯, 역사는 그것을 기록한 이의 관점에서 쓰인 것이기에 우리는 역사를 바라볼 때 유명한 지식인이 쓴 책이라고 해서 바로 믿는 게 아니라 '과연 그랬을까?' 하고 한 번쯤 의문을 품어보아야 합니다. 한국관광공사에서도 뒷부분에 중대한 회의 장소 및 제사 장소였다는 설명으로 마무리하고 있듯이 최근에 포석정은 신라 왕실의 제사 장소라는 설이 큰 힘을 얻고 있습니다.

경애왕이 죽임을 당했던 때는 12월, 물이 꽁꽁 얼어붙는 12월에 과연 포석정에서 술을 마시며 연회를 베풀 수 있었을까요? 목화솜이 들어오지 않았던 당시 비단옷만 둘러 입고 찬바람 부는 야외에서 연회를 즐길 왕은 아마 없을 것입니다. 그렇다면 경애왕은 견훤에게 죽임을 당할 당시 무엇을 하고 있었을까요? 바람 앞에 등불처럼 흔들리는 신라의 운명을 안타까워하며 불국정토인 남산의 기운을 온몸으로 받으며 간절한 마음으로 제를 올리고 있지는 않았을까 생각해봅니다.

포석정은 일제시대 일본인에 의해 사적 제1호로 지정되었습니다. 왜 하필이면 1호일까요? 그것은 나라가 망하는 줄도 모르고 술과 향락을 즐기다가 왕이 목숨을 잃은 치욕적인 장소라고 하여 대한제국을 능욕하기 위한 일본인의 조롱과 야유가 섞여 있다는 의견이 있습니다. 우리의 역사를 제대로 밝혀야 하는 이유가 여기에 있지 않을까 생각됩니다. 우리 아이들에게 설명을 해줄 때에는 제대로 알고 제대로 공부해서 말해줍시다. 그 지식이 우리나라 역사의 한 장면이라면 더더욱 말입니다.

# 경주의 남산 자연에 새긴 불국정토의 꿈!

**주소** 경북 경주시 인왕동 남산 | ☎ 054-779-6393

**살아있는 자연박물관인 남산**

외국인들이 경주를 찾을 때 가장 먼저 찾는 곳이 어디일까요? 울창한 숲과 우거진 산들 사이에 우뚝 솟아있는 화강암 위로 천연의 불상들이 여기저기 조각되어 있는 불국정토, 바로 남산입니다.

경주를 찾아 터벅터벅 남산을 오르다보면 신라인들의 불국정토에 대한 간절한 염원을 온몸으로 느낄 수가 있는데요. 화강암이 많은 우리나라의 지형적인 조건을 충분히 활용하여 자연 속에 부처님을 아로새긴 간절한 마음은 그것을 마주하는 이들에게 경건한 마음을 우러나게 합니다.

남산에는 등산코스 외에도 다양한 코스가 있습니다. 아이들과 함께라면 삼릉, 삼릉계곡 선각육존불, 배리삼존불(경주배리석불입상) 코스를 트레킹 삼아 둘러보시기 바랍니다.

# 대릉원 평지에 자리 잡은 신라시대만의 독특한 무덤군, 황남대총과 천마총!

왕과 귀족들의 무덤이 모여 있는 대릉원 풍경

왕과 귀족들의 무덤이 모여있는 대릉원은 경주를 가는 분들이라면 꼭 한 번은 들르는 곳입니다. 먼저 위압적일 만큼 큰 무덤들을 보면 아이들은 놀라서 눈이 휘둥그레집니다. 당시 사후세계에 대한 종교적인 믿음은 대단한 것이어서 권력을 가진 자들일수록 규모 면에서 압도하는 무덤들을 만들어 냈습니다.

그중에서 주목해볼 무덤은 황남대총과 천마총입니다. 천마총은 내부를 개방하여 들어갈 수 있게 되어 있고, 황남대총은 내부를 살펴볼 수는 없지만 그 내용은 국립경주박물관에서 만나볼 수 있습니다. 부부의 무덤으로 추정되는 황남대총은 수많은 다른 무덤들이 도굴되었을 때도 안전하게 무덤 내부를 지켜냈습니다. 그것은 돌무지 덧널무덤이라는 무덤양식 덕이라고 합니다. 돌무지 덧널무덤은 지하에 광을 파고 나무널을 넣은 다음 다시 그 주변과 위를 돌로 덮고 다시 그 외부를 봉토로 씌워 만든 것이어서 도굴하기가 매우 어려웠다고 합니다. 그래서 황남대총 안에 있는 신라 초기의 유물들을 고스란히 발굴할 수 있었고, 신라시대 귀족들의 생활모습이 오늘날 잘 알려진 것입니다.

다음으로 살펴볼 곳은 천마총인데요. 천마총은 황남대총과 달리 내부를 볼 수 있게 되어 있습니다. 후대 사람들은 왜 왕의 무덤으로 추정되는 이 무덤을 천마총이라고 불렀을까요? 그 이유는 이 무덤에서 '천마도장니'라고 하는 말의 배를 가리는 데 사용된 물건 하나가 발견되었기 때문입니다. 도대체 말의 배를 가리는 이것에 왜 사람들은 그토록 열광했을까요?

신라는 삼국 중에서 유일하게 회화 문화가 발견되지 않았었습니다. 그런 신라에서 천마가 용솟음치는, 유일한 회화그림이 발견되었으니 학계에서는 엄청난 화젯거리가 아닐 수 없었을 것입니다. 천마도장니의 발견으로 학계는 신라의 고미술에 대해 활발히 연구하게 되었습니다.

또 천마총에서 손꼽히는 가치 있는 문화재로 금관이 있습니다. 발굴 당시 시체의 머리에 얹어져 있는 상태로 발견되었는데, 금의 함량도 높을 뿐만 아니라 그 섬세함과 화려함은 말로 형언할 수 없을 정도입니다. 신라의 무덤은 규모 면에서 매우 크며, 발굴된 유물 역시 화려하고 아름다워 문화적인 가치가 높은 만큼 아이들과 꼭 들러보기 바랍니다.

## 신라시대의 유물 무덤과 탑 속의 유물로 신라를 읽다!

신라의 남녀 지위는 황남대총을 통해서 알아볼 수 있습니다. 황남대총은 부부의 무덤으로, 가까이서 보면 쌍둥이 산처럼 생겼습니다. 먼저 세상을 뜬 남편의 무덤이 더 오래되었고, 그 이후 부인의 무덤이 나란히 만들어졌습니다. 남편의 무덤에서 발굴된 유물들과 부인의 무덤에서 발굴된 유물들은 그 종류와 수가 달랐는데요. 전쟁에 나갈 기회가 많았던 남편의 무덤에서는 무기류가, 부인의 무덤에서는 장신구와 일반 생활도구들이 많이 발견되었습니다. 그런데 유물들을 자세히 살펴본 학자들은 깜짝 놀랐다고 합니다. 부인에게서 발견된 유물들이 훨씬 값어치 있고 귀한 것들이었기 때문이죠.

신라시대에 만들어진 탑들 중에는 여성들이 시주하여 만들어진 탑들이 많습니다. 탑 하나를 건축하기 위해서는 어마어마한 돈이 드는데, 당시 신라에는 상당한 재력을 갖춘 여성들이 있었음을 증명하는 예라고 볼 수 있습니다.

그리고 일본에 수출하는 신라산 양탄자를 제조하는 공방에서는 여성 디자이너의 이름을 양탄자에 새겨 브랜드 가치를 높였다고 합니다. 신라 여성들은 우리가 아는 것 그 이상으로 상당한 지위를 누렸던 것을 짐작할 수 있습니다.


# 첨성대 동양에서 현존하는 가장 오래된 천문대

**주소** 경북 경주시 인왕동 839-1 | ☎ 054-772-5134

첨성대를 건축했던 선덕여왕은 하늘의 별자리를 읽어 여왕으로서의 권위를 세우려 했습니다. 동양에서 가장 오래된 천문대로 알려진 첨성대는 국보 제31호로 지정되어 있으며, 천문을 관측하는 기구로 알려져 있습니다. 가운데 사각형 구멍에 사다리를 놓아 들어가면 내부에서 가장 상단부까지 다시 한번 사다리로 오를 수 있도록 만들어져 있는데, 이러한 내부 구조는 신라역사과학관에서 자세하게 살펴볼 수 있습니다.

**선덕여왕 때 건축된 첨성대**

농산물의 생산량과 밀접한 관련이 있기 때문에 예로부터 우리 조상들은 늘 별자리와 가까이 있었습니다. 아주 오래전 신라시대에 이렇게 과학적으로 설계된 천문관측기구가 있었다는 것은 정말 자랑스러운 일이 아닐 수 없습니다. 한편, 최근에는 다른 학설도 제기되고 있습니다. 즉위 후부터 나라 안팎으로 여러 가지 고초를 많이 겪어야 했던 선덕여왕이 여왕으로서의 권위를 세우고 왕권의 정당성을 확보하기 위해 첨성대를 세웠다는 설입니다.

첨성대를 자세히 살펴보면 우물 모양으로 생겼습니다. 상단부의 우물정 모양의 네모난 틀은 바로 첨성대가 우물형으로 건축된 것임을 증명합니다.

그렇다면 신라시대에 우물은 어떤 의미를 지니고 있었을까요? 건국신화를 보면 신라의 시조인 박혁거세는 나정이라고 하는 우물 곁에서 거대한 알로 발견됩니다. 그의 부인 알영은 알영정이라는 우물에서 발견됩니다. 이렇듯 우물은 신성한 왕이 탄생하는 장소인 것입니다. 다시 말하면 첨성대는 천문 관측과 더불어 선덕여왕의 재위를 정당화했던 점술의 의미가 강하게 내포된 천문 관측기구였다는 것이 저의 개인적인 견해입니다.



선덕여왕의 아버지였던 진평왕에게는 아들이 없었습니다. 진평왕은 슬하에 세 명의 딸을 두었습니다. 첫째인 천명공주는 태종 무열왕인 김춘추의 어머니입니다. 둘째는 덕만공주, 바로 선덕여왕입니다. 그리고 막내는 백제의 무왕이 된 서동과의 핑크빛 사랑 이야기로 유명한 선화공주입니다.

그중 둘째딸이었던 선덕여왕은 성골 출신으로서는 마지막으로 왕위에 오릅니다. 그러나 즉위 초부터 힘든 일들을 많이 겪습니다. 초반부터 백제 의자왕에게 40여 개의 성을 빼앗겼고 대야성까지 함락되어 고구려에 원군을 요청하지만 거절당합니다. 각종 전쟁에서 패배하여 고충이 심했던 선덕여왕은 왕권 강화에 총력을 기울였고, 국론이 분열되지 않도록 무척 애를 썼습니다.

선덕여왕은 강력한 왕권을 위해 황룡사 구층석탑과 황룡사도 지었는데, 남아있는 터를 보면 당시 사찰의 규모가 어느 정도였는지는 짐작하고도 남습니다. 아울러 정치적인 기반을 탄탄히 하기 위하여 김춘추와 김유신을 외교와 전술에 잘 활용하였고, 나아가서는 삼국 통일의 기반을 다지는 데 큰 공헌을 하였습니다.

# 안압지 신라 불교 문화를 찬란하게 꽃피운 장소

**주소** 경북 경주시 인왕동 26-1 | ☎ 054-772-4041

안압지(임해전터)에 갈 때면 저는 늘 어스름한 저녁 무렵을 택합니다. 연못 위로 떨어지는 석양에 비춰진 건축물이 주는 아름다움은 가슴을 뛰게 만듭니다. 넓은 안압시를 둘러보면 이곳을 건축했던 문무왕의 자신감과 당당함에 박수를 보내게 됩니다.

원래 경주에는 세 개의 궁궐터가 있었습니다. 정궁이라 여겨지고 있는 월성과 서궁, 신라시대 태자가 머물렀던 동궁이었던 안압지가 그것입니다.

이곳은 사신들을 접견하고 연회를 베풀던 곳으로, 발굴될 당시 소중한 유물들이 대거 출토되어 화제를 모았습니다. 안압지에서 출토된 유물에 대한 자세한 설명과 유물들은 현재 국립경주박물관 내의 안압지관에서 확인할 수 있습니다.

저녁 무렵의 풍경이 아름다운 안압지

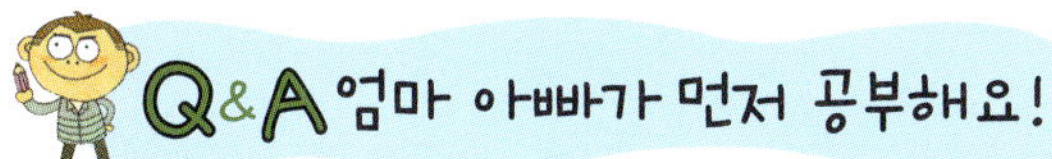


## Q. 안압지에서 출토된 주령구는 어떤 물건인가요?

안압지는 신라 태자가 머물던 동궁으로, 주로 외국의 유명한 사신들을 접견하던 연회지였습니다. 연회 장소에 술과 고기, 춤이 빠질 수는 없었지

목제주령구

요. 주령구는 일종의 벌칙이 새겨져 있는 주사위 같은 것으로, 술을 마실 차례인 사람이 던져서 주령구에 적힌 문구대로 벌주를 마시는 일종의 게임 도구였습니다. '단번에 술을 다 마시기', '팔꿈치를 구부리지 않고 마시기' 같은 재미난 벌칙이 있습니다.

## Q. 안압지에서 출토된 치미는 어디에 쓰는 물건인가요?

기와를 장식하던 화려한 치미

궁궐터였던 만큼 기와 끝을 장식하던 치미도 화려하기 그지없습니다. 보는 순간 감탄이 절로 나올 것입니다. 치미도 역시 국립경주박물관 안압지관에 전시되어 있습니다. 그런데 국립경주박물관 미술관에 가면 이보다 더 화려한, 황룡사 터에서 발견된 치미가 황룡사관 한 가운데에 전시되어 있습니다. 아이들과 비교해서 보면 더욱 재미있는 관람이 될 것입니다.

## Q. 안압지에서 통나무 배로 무엇을 했나요?

안압지 발굴 당시 거의 원형 그대로 발굴된 배입니다. 안압지의 흐르는 물줄기를 이 배를 타고 유유히 유람했다고 합니다. 노 젓는 사람들을 제외하고 10여 명 정도가 탈 수 있었습니다.

안압지에서 발굴된 통나무 배

# 국립경주박물관<br>국립경주 어린이박물관



**주소** 경북 경주시 일정로 118 | ☎ 054-740-7500 | http://gyeongju.museum.go.kr

국립경주 어린이박물관 체험실 내부 모습과
다양한 수막새 체험

선사시대부터 통일신라에 이르기까지 경주 일대의 문화와 생활, 예술이 총망라되어 전시되고 있는 박물관입니다. 천년의 고도 경주답게 박물관은 단층 건물로 넓은 정원에 각각 떨어져 있습니다.

국립경주박물관은 규모 면에서 다른 중소 도시의 박물관을 압도하고도 남습니다. 따라서 하루 일정 전체를 배분하여 여유롭게 관람하는 것이 좋습니다. 각 전시실은 고고관, 안압지관, 미술관, 야외 정원으로 나뉘어져 있는데, 야외 정원에는 국보 제29호인 성덕대왕신종 진품과 국보 제38호인 고선사지 삼층석탑이 전시되어 있으니 눈여겨보면 좋습니다.

국립경주박물관에는 국립경주 어린이박물관도 있으며, 인터넷으로 미리 예약을 하고 가면 재미있는 체험은 물론 해설도 함께 곁들일 수 있습니다.

## 싱싱한 해산물이 입맛을 돋우는 곳  감포대게횟집

**주소** 경북 경주시 감포읍 대본3리 657 | ☎ 054-775-7810

감포 문무대왕릉에서 가까운 횟집입니다. 자연산만 취급하며 가격도 저렴해서 무엇보다 제대로 된 경상도식 회를 즐길 수 있습니다. 배와 각종 야채들을 썰어 무친 야채와 마른 김에 생 파와 마늘, 쫄깃한 미역을 얹어 자연산 회와 곁들여 먹는 맛은 아주 특별합니다.

감포대게횟집의 자연산 회

## 수영장, 워터파크, 온천 시설이 구비되어 있는  경주현대호텔

**주소** 경북 경주시 신평동 477-2 | ☎ 054-748-2233 | http://www.hyundaihotel.com

호텔 투숙비는 개인이 묵을 경우 상당히 비싸게 느껴질 수 있습니다. 하지만 저는 아이들이 어릴 때는 주로 호텔에 묵었습니다. 일단 잠자리가 제공되고 조식이 제공됩니다. 또, 수영장을 무료로 이용할 수도 있습니다. 아이들은 관광을 하다가도 도중에 수영장이나 온천에서 쉬고 싶어할 수 있습니다. 이럴 때 4인 가족 기준으로 일반 워터파크를 이용할 금액을 내지 않아도 되니 4인 가족이라면 호텔 투숙비가 일반 펜션이나 민박에 비해 비싸게 느껴지지 않을 것입니다.

수영장이나 온천이 필요 없다면 저렴한 게스트하우스를 택하는 것도 좋습니다. 경주현대호텔은 객실이 넓고 직원들이 친절하여 제가 경주에 갈 때마다 즐겁게 투숙하는 곳 중 하나입니다.

경주현대호텔의 수영장 시설과 가족을 위한 온돌룸

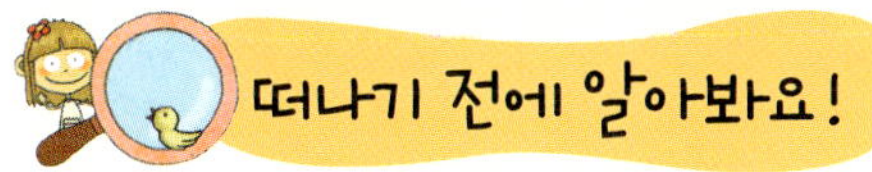


여행을 어른들이 처음부터 끝까지 준비하게 되면 여행을 준비하면서 느끼는 재미를 아이들에게 선물할 수 없습니다. 여행 계획을 꾸리면서 설레고 기대심으로 행복해지는 것은 어른이나 아이나 마찬가집니다.

그 마음으로 여행 계획을 짜다보면 궁금한 부분은 자료를 찾기도 하고 책을 찾아 읽기도 하게 됩니다. 그 속에서 아이는 의도하지 않아도 벌써 먼 과거를 탐험하는 고고학자, 역사를 연구하는 사학자가 되어 깊이 있게 공부를 하게 되죠. 바로 이런 학습법을 '전문가 학습' 또는 '프로젝트 학습'이라 부릅니다. 여행은 프로젝트 학습의 최고 결정판이라 할 수 있습니다.

여행 전에 관련 자료를 찾아 읽은 후에 여행을 통해 직접 보고 듣고 경험한 자료를 정리하여 내 것으로 만드는 일련의 과정은 한 분야를 깊이 파고들어 전문가가 될 수 있는 매우 훌륭한 학습방법입니다. 경주 여행을 떠나기 전에 저는 아이들과 세 권의 관련 책자를 찾아 읽고, 아이들 나름대로 계획표를 작성해보게 했습니다. 처음에는 엄마의 권유로 시작하지만 나중에는 여행지만 알려주어도 아이들 스스로 지도를 펼쳐놓고 계획을 짜고 관련 자료를 찾게 됩니다. 지적 탐구가 주는 희열을 알게 되기 때문이죠.

큰딸 세영이가 작성한 여행계획표

# 옛 풍경이 그대로 남아있는 예천

## 추천 코스 (1박 2일)

**출발** ▶ 용궁시장 돌아보기 ▶ 회룡포 전망대 ▶ 점심식사 ▶ 금당실 마을 체험 ▶ 초간정 돌아보기 ▶ 저녁식사 ▶ 예천천문우주센터 ▶ 숙박 ▶ 아침식사 ▶ 예천군 곤충연구소

다른 지역에 비해 산이 많고 물이 굽이쳐 흐르는 험한 지형의 경상북도는 외부와의 왕래가 활발하지 않아 산간 오지의 생활모습이 자연 그대로 살아있는 곳입니다. 그중에서도 예천은 날이 흐리지 않은 날에는 밤하늘에서 총총한 별을 발견할 수 있는 공기 좋고 물 맑은 곳입니다.

예천에 처음 방문했을 때 저는 잠시 초등학생 시절로 돌아가 행복한 마음에 젖어들었습니다. 어린 시절의 이발소 풍경, 소박하고 작은 초등학교, 허름한 슬레이트 지붕의 국밥집, 낡은 간판이 붙어있는 시골다방, 깨를 볶아 기름을 직접 짜는 30년이 넘은 제유소……

추억거리가 많아지면 아이들에게 들려줄 이야기도 늘어납니다. 게다가 예천에는 아이들을 위한 체험거리도 풍부합니다. 예천군 곤충연구소와 천문우주센터, 회룡포 녹색체험마을, 금당실 전통마을에서의 꿀뜨기체험, 옛 모습 그대로인 용궁시장 구경 등이 바로 그것입니다.

30년이 넘은 용궁시장 제유소 풍경

# 회룡포마을 굽이쳐 흐르는 낙동강이 아름다운 곳

**주소** 경북 예천군 용궁면 대은리 회룡포마을 | ☎ 054-653-6696 | http://dragon.invil.org

사계절 풍광이 다채로운 회룡포마을 풍경과 마을을 이어주는 뽕뽕다리

드라마 〈가을동화〉의 촬영지로 유명해진 회룡포는 굽이쳐 흐르는 강을 끼고 오롯이 살아있는 육지 속의 섬 같은 곳입니다. 회룡포에는 재미있는 다리가 하나 있습니다. 두꺼운 철판에 구멍이 뽕뽕 뚫려 있다고 해서 '뽕뽕다리'라고 불리는 다리입니다. 드라마의 두 주인공이 어린 시절 이 다리 위에서 노는 장면이 그려져 영상미를 더하기도 했습니다.

회룡포 주차장에 차를 세우고 1전망대까지는 가볍게 산책하듯이 다녀올 만합니다. 대부분의 관광객들이 1전망대까지 갔다가 하산을 합니다. 또한 1전망대에서 사진을 찍으면 회룡포 풍광이 가장 아름답게 찍힙니다. 하지만 운동 삼아 오르겠다고 맘먹는다면 2전망대까지 다녀올 것을 권합니다. 소란스러움 없이 조용하게 아름다운 풍경을 감상할 수 있을 것입니다.

회룡포 같은 지역은 강원도와 경상도 일대에 더러 존재합니다. 안동의 하회마을, 강원도 영월의 선암마을, 동강의 어라연이 회룡포와 비슷한 지형으로 손꼽힙니다. 이런 지형을 하천지역이라고 부릅니다.

# 예천천문우주센터 아이들을 위한 체험프로그램이 가득!

**주소** 경북 예천군 감천면 덕율리 91 | ☎ 054-654-1710 | http://www.portsky.net

별은 아주 오래전부터 우리에게 꿈과 희망을 선물해주는 소중한 존재였습니다. 정서를 맑게 정화시키고 행복한 꿈을 꾸게 하며 각종 문학작품에도 중요한 소재로 등장하는 아름다운 별들은 인간의 감수성을 일깨워주는 정서적인 측면뿐만 아니라 과학적인 도구로도 많이 활용되었습니다.

**예천천문우주센터의 밤하늘 풍경**

　예천천문우주센터에 방문하면 천문우주에 대한 재미난 체험뿐만 아니라 다양한 지식도 함께 익힐 수 있습니다. 또한 모든 체험은 한 팀당 한 명의 보조요원이 함께하여 상세하고 재미있는 설명과 더불어 체험과정의 안전까지 살펴줍니다.

　여러 가지 체험 중에서 우주환경체험은 키 125cm 이상, 몸무게 25kg 이상만 가능합니다. 또한 야간의 별자리 관측 같은 체험은 8인 이상 예약 시에만 이용 가능하니 참고하기 바랍니다.

　여러 체험들이 모두 재미있지만 아이들이 가장 재미있어 하는 체험은 달 중력 체험입니다. 가상공간에서 벨트를 장착하고 강력한 스프링이 달린 끈에 매달려 달 위에서 걷는 것 같은 체험입니다.

그런 반면 천문우주체험은 별도의 예약 없이도 가능합니다. 특히 주간에 볼 수 있는 별 관측과 태양의 홍염과 흑점을 전문 망원경을 이용하여 관측하는 체험이 아이들에게 인기가 있습니다. 그 밖에도 헬리콥터에 탑승하여 예천군을 탐사하는 탐사비행체험과 1박 2일 동안 야간 별자리 관측 및 다양한 만들기 체험을 할 수 있는 가족캠프도 함께 운영하고 있습니다.

## 예천천문우주센터 관람안내

| 입장료 구분 | | 일반, 청소년 | 아동 (4~7세) | 유아 (4세 미만) |
|---|---|---|---|---|
| 입장 | 단순관람 동반 | 2,000 | 2,000 | 1,000 (단체) |
| 기본체험 (가변중력+4D) | 개인 | 6,000 | 6,000 | 체험 불가 |
| | 단체 | 5,000 | 5,000 | |
| 우주환경체험 (가변중력+달중력+우주자세제어4D) | 개인 | 10,000 | 체험 불가 | |
| | 단체 | 9,000 | | |
| 우주유영체험 (MMU) | 개인 | 9,000 | | |
| | 단체 | 8,000 | | |
| 천체관측체험 (천체관측+우주영상실) | 개인 | 5,000 | 4,000 | 3,000 |
| | 단체 | 5,000 | 5,000 | 3,000 |
| 자유체험 | 개인 | 23,000 | 개인 사정에 의해 체험을 포기할 경우 환불 불가 | |
| | 단체 | 20,000 | | |

- 운영시간은 10:00~18:00 (예약시 19:00~22:00 관람 가능)까지이며 휴관일은 매주 월요일입니다.

## 예천 탐사비행

| 구분 | 비행시간 | 헬리콥터 비행코스 (거리) | 비용 |
|---|---|---|---|
| Basic | 10분 | 센터 – 풍기 – 소백산 · 영주 · 원경 – 센터 | 300,000 |
| Local | 20분 | 센터 – 안동 호 – 영주 · 원경 – 센터 | 560,000 |

- 요금은 4인 탑승 기준이며 기타 장거리 비용은 별도 문의해야 합니다.
- 고소공포증이나 협압이 있는 분들, 정신 · 신체적으로 장애가 있는 분들은 체험을 자제하는 것이 좋습니다.

## 가족캠프

| 1박 2일<br>가족캠프 | 주요 프로그램 | 비용 |
| --- | --- | --- |
| | 태양관측, 야간관측, 만들기, 우주영상실, 심야관측 | 160,000 (4인 가족 1실 기준) |

- 4인 초과의 경우 1인 30,000원 (7세 미만 20,000원)이 추가됩니다.
- 천문대 숙소 내 공동주방은 예약 시 신청 후 이용 가능하며 아침식사를 1회 제공합니다.
- 야외 바비큐 시설(그릴, 숯, 테이블 제공)은 6~9월까지만 이용 가능합니다.
- 우주환경체험과 비행체험은 별도 비용이 발생하며
  입실시간은 오후 6시, 캠프 시작시간은 오후 8시입니다.
- 가족캠프는 반드시 예약을 하고 이용해야 합니다.

 **교과서 돋보기**

### 하늘의 나침반, 별자리 이야기

별자리는 하늘에 촘촘히 박혀있는 별들 중에서 가장 빛나는 별들을 골라내어 선으로 연결해놓은 것을 말합니다. 고대로부터 인류는 별자리를 가지고 수많은 이야기를 만들어냈고, 아름다운 신화로 승화시키기도 하였습니다.

그렇다면 별자리를 처음 만든 사람들은 누구였을까요? 그것은 약 5,000년 전 바빌로니아 지역에서 양을 몰고 떠돌아다니던 목동들이라고 합니다. 이곳저곳을 옮겨다니는 유목민들에게는 밤하늘의 별자리가 굉장히 중요했습니다. 별자리는 계절에 따라 그 위치를 달리하기 때문에 별자리를 잘 관측하면 길을 잃었을 때도 다시 길을 찾을 수 있었습니다. 유목민들에게 별자리는 하나의 나침반이었던 셈입니다.

그렇다면 우리 조상들은 별자리를 어떻게 이용했을까요? 우리나라는 예로부터 농업을 천하의 근본으로 삼았던 농업국가입니다. 농사를 짓는 데 가장 중요한 것은 날씨였지요. 날씨가 어떠냐에 따라 그해 농사의 흉작과 풍작이 결정되는 만큼 날씨는 우리 조상들에게 매우 민감한 사안이었습니다. 그래서 조상들은 하늘의 별들에게 그 해의 풍년을 기원하였습니다.

또한 학자들은 별자리의 움직임을 관측하고 기록하여 계절과 시각을 나누었고, 달력을 만들었습니다. 행운을 점치거나 나라의 길일을 정하는 데도 별자리를 이용했습니다.

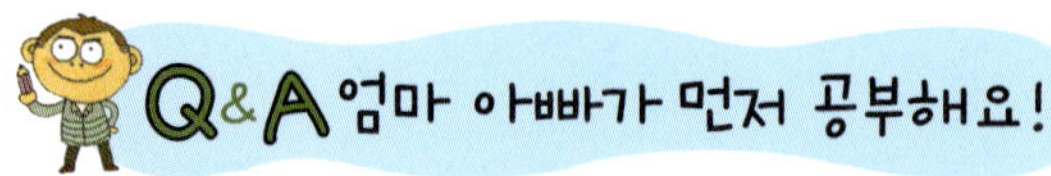


## Q. 계절별 대표 별자리로는 어떤 것이 있나요?

아이들과 예천을 여행하기 전에는 반드시 계절별 대표 별자리를 공부하고 갈 것을 권합니다. 예천의 밤하늘에는 무수히 많은 별들이 반짝이기 때문이지요. 책으로 접해본 지식을 바탕으로 직접 체험을 해보면 그 지식은 더욱 정교해진답니다.

우리가 밤하늘에서 볼 수 있는 별자리들은 계절에 따라 각각 그 위치를 달리합니다. 각 계절별로 밤하늘에서 볼 수 있는 별자리들을 조사해보고 별자리 판을 만들어보는 것은 아이들의 호기심을 자극하기에 충분합니다. 계절에 따른 밤하늘의 별자리는 예천천문우주센터의 플라네타리움 영상학습을 통해 더 자세히 공부할 수 있습니다.

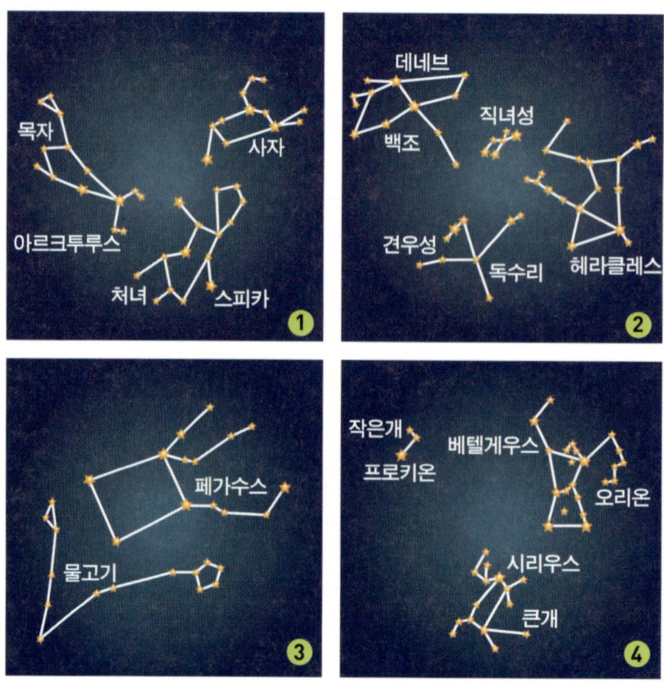


1 봄의 별자리
2 여름의 별자리
3 가을의 별자리
4 겨울의 별자리

# 예천군 곤충연구소 가장 현대적인 곤충박물관

**주소** 경북 예천군 상리면 고항리 577 | ☎ 054-652-5876 | http://www.ycinsect.go.kr

예천군에 위치한 곤충연구소는 우리 나라에 세워진 곤충 관련 박물관 중에서 가장 현대적인 곳입니다. 규모는 작지만 홈페이지를 통한 예약 시에는 약간의 체험활동도 할 수 있으며, '곤충의 겨울나기' 같은 교과서와 관련된 내용도 살펴볼 수 있고, 수생 곤충도 관찰할 수 있습니다. 수생곤

예천군 곤충연구소 전경

충을 눈으로 직접 볼 수 있는 기회가 많지 않기 때문에 매우 소중한 전시공간이라 할 수 있습니다.

또한 곤충연구소가 위치한 상리면 고항리는 주변 풍경이 아름답고 수려하여 여름철 휴양지로도 안성맞춤입니다. 여름철에 간다면 계곡 물놀이도 겸할 수 있습니다.

## 예천군 곤충연구소 관람안내

| 구분 | 입장료 | | 비고 |
| --- | --- | --- | --- |
| | 어른 (20~64세) | 아동과 청소년 (4~19세) | |
| 보통권 | 3,000 | 2,000 | - |
| 할인권 | 2,500 | 1,500 | 군민, 64세 이상<br>군인, 4~6급 장애인 |

- 관람시간 : (3~10월) 09:00~18:00 / (11~2월) 09:00~17:00
- 휴관일 : 매주 월요일 (월요일이 공휴일인 경우는 그 다음날)

## Q. 곤충은 어떻게 생겼나요?

곤충은 전체 동물계의 4분의 3을 차지할 정도로 그 수가 어마어마합니다. 아마 그 수로 생물계의 서열을 매긴다면 곤충이 왕중왕으로 뽑힐 것입니다.

곤충은 역사를 따져보아도 인류보다 훨씬 더 오래전부터 지구상에 존재해왔는데, 곤충은 약 4억 년 전 고생대 실루리아기에 처음 등장했다고 추측되고 있습니다. 약 2억 9,000만 년 전의 석탄기 때는 몸길이가 75cm가 넘는 거대 잠자리도 존재했었다고 합니다. 생각만 해도 무시무시하지요.

그렇다면 우리는 어떤 생물을 곤충이라고 부를까요? 곤충은 머리, 가슴, 배 세 부분으로 구분됩니다. 몸이 세 부분으로 나누어지지 않는 생물은 곤충이 아닙니다. 곤충의 머리에는 2개의 더듬이와 2개의 겹눈이 있습니다. 또한 종류에 따라서는 2~3개의 홑눈이 있는 곤충도 있습니다. 그러면 머리에 있는 더듬이는 어떤 역할을 할까요? 더듬이는 감각기관입니다. 우리가 코와 혀로 냄새와 맛을 느끼듯이 곤충은 더듬이로 동료의 냄새를 맡고 먹이를 찾아냅니다. 가슴에는 2쌍의 날개와 3쌍의 다리가 붙어 있습니다. 날개는 2쌍인 것도 있고, 1쌍인 것도 있고, 아예 존재하지 않는

곤충생태체험관에서 만나는 각시맷노랑나비 표본과 북한의 곤충 우표

곤충도 있지만 다리는 반드시 3쌍이어야 곤충입니다. 따라서 다리가 4쌍인 거미는 곤충이 아니고 거미류로 따로 분류합니다.

그리고 곤충의 다리는 각 다리마다 5마디로 구성되어 있습니다. 곤충의 다리는 생활방식에 따라 차이가 나기 때문에 곤충을 이해하는 데 중요한 자료가 됩니다. 예를 들어 무당벌레 같은 곤충은 다리의 끝 모양이 특이하게 생겨서 유리에도 잘 달라붙습니다. 소금쟁이 같은 곤충은 발끝에 가는 털이 있고 기름기가 있어서 물위에서도 잘 뜹니다.

마시막으로 곤충의 배는 여러 개의 마디로 구성되어 있는데 그 마디마디마다 숨구멍이 있습니다. 그래서 배에 존재하는 숨관을 통해 숨을 쉴 수가 있습니다.

## 아득한 과거로의 여행  용궁시장 산책

**주소** 경북 예천군 용궁면 읍부리 160

용궁시장에서 맛보는 막창순대

용궁시장은 예천에 있는 작은 시장으로, 이곳을 산책하다 보면 어릴 적 추억이 가슴 가득 떠오를 것입니다. 방송을 통해 소문이 난 탓에 요즘은 주말마다 인기 있는 식당들은 번호표를 받고 줄을 서서 먹어야 할 정도로 북적이지만, 그래도 저는 옛 풍경을 고스란히 간직하고 있는 이곳이 참 좋습니다.

참깨, 들깨를 가져다가 직접 기름을 짜주는 집부터 오래된 그림엽서에나 나올 법한 아늑하고 조용한 시골다방, 허름한 슬레이트 지붕에 허리를 숙여 들어가면 쪽방에 앉아 훌훌 순대국밥 한 그릇 먹을 수 있는 순댓집, 허름하지만 있을 것은 다 있는 슈퍼마켓까지……. 용궁시장에서 순대국밥 한 그릇씩 먹고 여행길을 떠나는 것도 즐거운 추억이 됩니다.

## 정갈한 식단이 입맛을 돋우는 추천 음식점  예천궁

**주소** 경북 예천군 예천읍 남본리 233-2  |  ☎ 054-652-9898

맛있는 예천궁 궁중비빔밥 정식

경상북도식 비빔밥은 안동에서 잘 알려진 헛제삿밥을 일컫는 말입니다. 헛제삿밥이란 제사상에 올리는, 간을 하지 않는 나물을 참기름없이 고추장에만 비벼 먹는 비빔밥인데요. 곁들이는 찬으로 역시 제사상에 올리는 배추전과 상어고기, 산적, 각종 나물, 맑은 국이 있습니다.

예천궁에서 맛볼 수 있는 궁중비빔밥은 살짝 변형된 퓨전식인데 1인분에 6,000원이고 반찬도 넉넉하게 많이 나오면서 찬 하나하나가 맛이 좋습니다. 경상도식 밥상에서 흔히 볼 수 있는 배추전은 서울에서 맛보기 힘든 것이니 그 맛을 꼭 음미해보기 바랍니다.

## 금당실 전통마을에서 선조들의 삶을 체험하다  우천재 고택

**주소** 경북 예천군 용문면 상금곡리 468 | ☎ 054-654-2222

**홈페이지** http://geumdangsil.invil.org/travel_n/lodge/lodging3/contents.jsp

영남지방의 양반 문화가 고스란히 남아있는 금당실 전통마을에서는 백 년이 훌쩍 넘은 고택들을 어렵지 않게 만날 수 있습니다. 숙박도 가능한 고택 우천재는 1870년대에 건축된 140여 년의 역사를 자랑하는 고택입니다. 사랑채와 안채가 연결되어 있는 전형적인 조선시대의 양반가옥으로 넓은 마당과 우물이 있어 아이들과 함께 숙박하며 전통마을의 운치를 즐기기에 손색이 없습니다. 우천재가 위치한 금당실 전통마을은 식사를 해결할 수 있는 운치 있는 '금당주막'과 굽이굽이 미로처럼 얽혀져 있는 아름다운 돌담길이 매력적인 마을입니다.

금당실 전통마을의 우천재 고택 풍경

# PART 5

# 전라도와 제주도로 떠나는 교과서 여행

# 다양한 고인돌을 만날 수 있는 **고창**

> **| 5-1 사회 |** 갯벌이 우리에게 주는 이로움을 알아보자.
> **| 6-1 사회 |** 청동기시대의 생활모습을 알아보자.
> **| 6-1 과학 |** 식물을 특징에 따라 분류해보자.

## 추천 코스

**1박 2일 출발** ▶ 고창 학원농장(5월은 청보리밭, 9월은 메밀밭) ▶ 고인돌 마을에서 숙박 ▶ 고인돌 마을 체험프로그램 참여 ▶ 고인돌 박물관 ▶ 점심식사 ▶ 고창 하전마을 갯벌체험 후 고시포해수욕장에서 저녁식사 ▶ 귀가

**2박 3일 출발** ▶ 고창 학원농장(5월은 청보리밭, 9월은 메밀밭) ▶ 고인돌 마을에서 숙박 ▶ 고인돌 마을 체험프로그램 참여 ▶ 고인돌 박물관 ▶ 점심식사 ▶ 고창 하전마을 갯벌체험 후 고시포해수욕장에서 저녁식사 ▶ 선운사 근처 숙소에서 1박 ▶ 아침식사 ▶ 선운사 산책하기 ▶ 점심식사 ▶ 고창읍성 ▶ 귀가

교과서 여행지로 고창은 의미가 깊은 곳입니다. 바다생물을 관찰할 수 있는 너른 갯벌과 산책길이 아름다운 선운사, 식물들의 생김새를 관찰하기 좋은 청보리 축제와 메밀 축제, 조선 후기 방어의 핵심 요새였던 고창읍성, 세계문화유산으로 지정된 고인돌 유적지와 고인돌까지……. 

　고창은 곳곳에 수많은 학습거리들이 펼쳐져 있습니다. 더불어 건강한 먹을거리와 넉넉한 인심은 여행자들을 한층 더 행복하게 만듭니다.

청정한 자연을 느낄 수 있는 하전마을 갯벌

# 고창 학원농장 알찬 지역축제를 즐기자!

**주소** 전북 고창군 공음면 선동리 산 119-2 | ☎ 063-564-9897 | http://www.borinara.co.kr

고창 학원농장은 처음부터 관광농장을 할 목적으로 정식 인가를 받았는데, 워낙 찾아오는 사람들이 없어 보리밭과 메밀밭을 그저 식량 자원으로만 활용했었다고 합니다. 그러나 1990년 이후 사진작가들에게 알려지면서 이제는 고창에서는 없어서는 안 될 중요한 관광 자원이 되었습니다. 해마다 봄철이면 청보리밭 축제가, 가을이면 메밀꽃 축제가 펼쳐져 고창에 새로운 볼거리를 제공하고 있습니다.

지역 축제는 지역민들이 특산물을 광고하여 생산성을 드높이는 장이기도 하지만 아이들에게는 지역의 특성을 알 수 있는 곳입니다.

아이들이 경운기도 타고 화석 발굴체험도 하고 보리밭 주변을 마차를 타고 돌

면서 노는 동안, 어른들은 보리밭 샛길을 걸으며 노래도 한 곡조 불러보고 보리피리도 불며 유년의 추억을 만끽할 수 있습니다. 또한 이곳에서는 어른 아이 할 것 없이 보리밭 한가운데서 연을 날릴 수도 있습니다.

청보리가 가득한 5월의 학원농장

아이들은 청보리밭에 들어서면서 비로소 보리라는 농작물의 생김새를 자세히 살펴보게 됩니다. 해마다 조금씩 바뀌기는 하지만 청보리밭 축제의 장으로 학원농장을 찾는다면 다음과 같은 경험을 해볼 수 있습니다.

1. **음식 체험** : 복분자 와인, 보리개떡, 보리강정, 보리고추장, 복분자 요플레 만들기와 시식
2. **만들기 체험** : 달걀 꾸러미, 나무공예, 천연비누, 화분 만들기, 짚공예
3. **영농체험** : 고추, 토마토 모종 심기, 방아 찧기

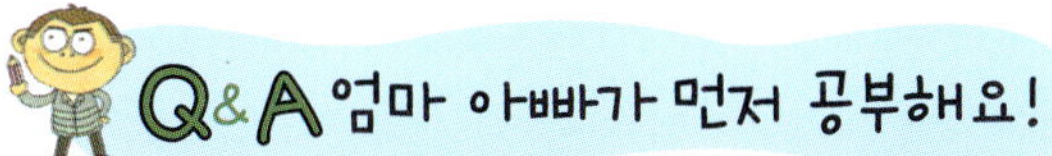


**Q.** **보리와 메밀이 어떻게 생겼나요?**

고창 학원농장에서 볼 수 있는 보리와 메밀은 어떤 식물일까요? 과학책을 보면 쌍떡잎식물과 외떡잎식물이 나오는데, 보리는 외떡잎식물이고 메밀은 쌍떡잎식물입니다. 쌍떡잎식물과 외떡잎식물은 모두 다 꽃이 피는 식물인데, 메밀꽃은 본 적이 있지만 보리꽃은 본 적이 없다고 말씀하실 겁니다. 그러나 보리도 분명히 꽃이 피는 식물입니다.

## Q. 꽃이 피는 식물을 어떻게 분류하나요?

| 구분 | 쌍떡잎식물(메밀) | 외떡잎식물(보리) |
| --- | --- | --- |
| 잎맥 | 그물모양으로 생겼다(그물맥) | 나란히 뻗어있다(나란히맥) |
| 줄기 | 마디가 없고 가지가 많으며 연하다 | 마디와 속이 비어 있다 |
| 뿌리 | 원뿌리<br>(큰 뿌리 하나에 작은 뿌리들이 갈라져 나와 있다) | 수염뿌리<br>(수염처럼 자잘한 뿌리들이 엉켜 있다) |
| 꽃 | 꽃잎의 수를 세어보면 4~5의 배수이다 | 꽃잎이 없거나 3의 배수이다 |

학원농장에 가서 아이들이랑 식물 하나를 캐어 뿌리와 잎맥을 관찰하면 쌍떡잎 식물과 외떡잎식물의 특징을 알 수 있습니다.

보리는 옛날에는 벼를 수확한 뒤에 심어 이듬해 봄에 추수할 수 있어서 배고픔을 해결할 수 있는 좋은 곡식이었습니다. 하지만 최근에는 소비량이 줄어 생산량이 급감하고 있습니다.

보리는 쌀에 비해 단백질 함량이 높아서 백미와 섞어 밥을 하면 영양가가 높아집니다. 메밀 역시 단백질 함량이 높은데, 우리가 흔히 먹는 메밀 음식으로 메밀묵과 막국수, 메밀전, 메밀만두 등이 있습니다.

메밀로 만든 막국수와 메밀전

# 고인돌 정보화마을 숙박과 체험을 동시에 할 수 있는 곳

**주소** 전북 고창군 고창읍 도산1길 42 | ☎ 063-563-7299 | http://goindol.invil.org

세계 거석문화의 중심지이자, 전 세계 고인돌의 40%가 있는 곳이 바로 우리나라입니다. 그중 고창, 화순, 순천 일대는 유네스코가 지정한 세계문화유산으로 남방식 고인돌들이 산재해 있는 문화유적지입니다. 고인돌이 흩어져 있는 전북 고창의 고인돌 정보화마을은 고인돌 박물관의 지척에 위치해 있으며, 각종 다양한 전통문화 체험과 더불어 교과서 사진에

고인돌 정보화마을의 북방식 고인돌

등장했던 북방식 고인돌의 모습을 고스란히 볼 수 있는 곳으로 유명합니다.

원래 한강 이남지역은 남방식 고인돌이 많이 분포해 있는데 고창 고인돌 정보화마을에서는 한강 이북지역에 주로 분포하는 북방식 고인돌의 실제 모습도 볼 수 있어 이채롭습니다.

고인돌 정보화마을에서는 숙박도 가능합니다. 저렴한 농가 민박이지만 깔끔한 시설에 독채로 된 황토펜션으로, 마루에 앉아 아름다운 논을 바라보는 것이 가능합니다. 게다가 아이들이 뛰어놀 수 있는 흙이 잘 다져진 마당과 풋풋한 시골 풍경이 어우러져서 더욱 좋습니다.

## 선사문화 체험

고인돌 마을에서는 숙박은 물론 체험까지 함께 할 수 있어 가족 여행을 하는 분들에게 추천합니다. 체험 내용이나 요금 등의 자세한 정보는 미리 전화문의를 하면 좋습니다.

아이들과 함께 만든 달걀 꾸러미

체험 코스는 마을 소개 ▶ 선사문화 농경체험(새끼 꼬기, 물레로 실 뽑기, 가마니 짜기) ▶ 황토염색 체험 ▶ 점심식사 ▶ 전통 떡 체험과 전통놀이 ▶ 마을을 산책하며 고인돌 탐방 ▶ 기념촬영 순서입니다.

### Q. 고인돌이란 무엇인가요?

고인돌은 청동기시대의 족장 무덤이었습니다. 지배자의 무덤이기도 했지만, 경우에 따라서는 유골이나 장례의 흔적이 남아있지 않은 고인돌도 있어 제단이나 다른 용도로 사용된 고인돌도 있는 것으로 알려져 있습니다.

재미있는 것은 지역마다 고인돌의 종류와 크기가 조금씩 차이가 있다는 것입니다. 고인돌은 주검을 땅 위에 안치하는 북방식과 땅 밑에 안치하는 남방식으로 크게 나누어집니다. 북방식은 판돌을 세워 긴 네모꼴의 돌널을 만들고 그 위를 평평하고 큰 덮개돌로 덮은 것으로 탁자식이라고도 합니다. 강화 지석묘가 우리나라 남부지방을 대표하는 북방식 고인돌입니다. 남방식은 땅 밑에 판돌이나 깬 돌로 돌널을 만들고 그 위에

북방식 고인돌인 강화 지석묘와
전남 순천 고인돌공원의 남방식 고인돌

굄돌이나 돌무지로 지탱되는 덮개돌을 덮은 것으로 바둑판식이라고도 부릅니다.

고인돌은 우리나라 전역에 고루 분포하지만 그중 전남지방에 3만여 기의 고인돌이 집중되어 있어 전남이 거석문화의 중심임을 여실히 보여줍니다. 남쪽지방이지만 고창에는 이례적으로 북방식 고인돌이 존재하고 있어 학술적인 가치가 큽니다.

# 하전 갯벌마을 숙박과 체험을 동시에 할 수 있는 곳

**주소** 전북 고창군 심원면 하전리 709-1 | ☎ 063-564-8831 | http://hajeon.invil.org

고창에서는 갯벌체험이 가능한 마을이 여러 군데 있습니다. 그중 우리가 찾아간 곳은 하전마을인데, 매우 체계적이고 시설도 잘 갖춰져 있어 아무런 준비 없이도 갯벌체험을 할 수 있습니다.

하전마을 갯벌까지는 멋지게 꾸민 경운기를 타고 들어갑니다. 갯벌이 넓고 탄탄하여 어린아이들의 발이 푹푹 빠질 염려가 없어서 좋고 무엇보다 잡히는 조개의 씨알이 굵고 탄탄하여 잡는 재미가 쏠쏠합니다. 서

바지락이 잘 잡히는 하전마을 갯벌

울에서는 매우 귀한 백합도 올라오고 바지락도 싱싱하며 탱글탱글한 육질을 자랑합니다. 호미를 깊숙이 넣어 파다보면 조개가 있는 곳에서부터 찌익 하고 물이 뿜어져 올라오는데 그때 주변의 흙을 살살 걷어내면 굵은 조개가 잡혀 올라옵니다.

잡은 조개는 미리 준비해간 통에 바닷물을 담아 해감하고 잘 씻어내는 것이 중요합니다. 그러므로 조개를 가져갈 때에 바닷물을 통에 조금 담아가 하루 정도는 충분히 해감해야 먹을 수 있습니다.

# 선운사 싱그러운 자연을 만끽할 수 있는 곳

**주소** 전북 고창군 아산면 삼인리 500 | ☎ 063-561-1422 | http://www.seonunsa.org/

**초록빛이 싱그러운 선운사 가는 길**

선운사는 전라북도의 2대 사찰 중 하나로, 오랜 역사와 전통을 자랑하는 고찰입니다. 가을이면 가득 피어있는 꽃 무릇으로, 하얀 눈 소복하게 내린 한겨울이면 붉은 동백꽃으로 유명한 사찰이기도 합니다. 선운사에는 재미있는 두 개의 전설이 내려오고 있습니다. 모두 다 창건과 관련된 전설입니다.

선운사는 천년 고찰인 만큼 창건에 얽힌 이야기도 재미있습니다. 신라 최고의 전성기를 구가했던 진흥왕이 창건했다는 설과 백제 위덕왕 24년(577)에 고승 검단(檢旦, 黔丹)선사가 창건했다는 두 가지 설이 전해집니다.

그중 첫 번째 이야기는 만년에 왕위를 내준 진흥왕이 도솔산의 어느 굴에서 하룻밤을 묵는 일화로부터 시작됩니다. 진흥왕은 이 굴 안에서 미륵 삼존불이 바위를 가르고 나오는 꿈을 꾸게 되었습니다. 이에 크게 감응하여 중애사(重愛寺)를 창건함으로써 이 절의 시초를 열었다는 전설입니다. 그러나 당시 고창은 신라와 세력 다툼이 치열했던 백제의 영토였기 때문에 신라의 왕이 이곳에 사찰을 창건했을 가능성은 희박하다 할 수 있습니다. 그렇다면 정설로 받아들여지고 있는 검단스님에 대한 이야기를 보도록 하겠습니다.

본래 선운사의 자리는 용이 살던 큰 못이었다고 합니다. 검단 스님이 이 용을 몰아내고 돌을 던져 연못을 메워나가던 무렵, 마을에 눈병이 심하게 돌았답니다. 그런데 못에 숯을 한 가마씩 갖다 부으면 눈병이 씻은 듯이 낫곤 하여, 이를 신기하게 여긴 마을사람들이 너도 나도 숯과 돌을 가져옴으로써 큰 못은 금방 메워지게 되었습니다. 이 자리에 절을 세운 것이 바로 선운사입니다.

또한 이 지역에는 도적이 많았는데, 검단스님이 불법(佛法)으로 이들을 선량하게 교화시켜 소금을 구워서 살아갈 수 있는 방도를 가르쳐 주었습니다. 마을사람들은 스님의 은덕에 보답하기 위해 해마다 봄이나 가을이면 절에 소금을 바치면서 이를 '보은염(報恩鹽)'이라 불렀으며, 마을의 이름도 '검단리'라 하였습니다.

선운사가 위치한 곳이 해안과 그리 멀지 않고, 얼마 전까지만 해도 이곳에서 염전을 일구었던 사실 등으로 미루어 보아 검단 스님이 사찰을 창건했다는 이야기가 더 유력시되고 있습니다.

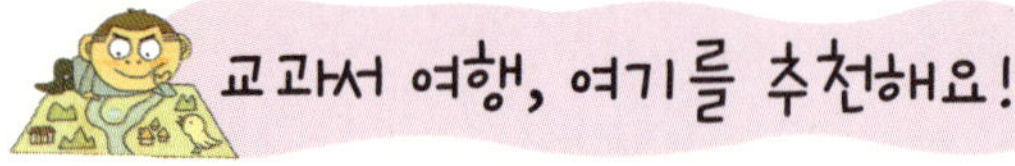


## 여행의 즐거움이 두 배가 되는 동백식당

**주소** 전북 고창군 고창읍 아삼면 삼인리 287-1 | ☎ 063-562-1560

고창에서 가장 유명한 음식은 풍천장어입니다. 선운사 입구에 가면 곳곳에 간판을 세우고 있는 풍천장어 전문점들을 만날 수 있습니다. 장어 하면 기름진 음식이라는 생각에 저는 일부러 장어를 먹으러 찾아가거나 하지는 않는 편인데 그래도 고창에서는 가장 유명한 음식이라 하니 맛은 봐야할 것 같아 동백식당을 찾게 되었답니다.

동백식당은 선운사 주차장을 통과해서 오른편으로 꺾으면 있습니다. 이때 주차료를 지불해야 하는데 동백식당에 간다고 하면 통과할 수 있습니다. 동백식당은 동백호텔 1층에 있는데 지금도 운영하는 호텔이며 선운사 입구에 있어 손님도 많은 편입니다.

일단 주문을 하면 주방에서 숯불에 노릇노릇하게 장어를 구워 나옵니다. 장어의 비릿한 맛 때문에 고개를 설레설레 흔들던 저도 동백식당에서 맛보는 풍천장어는 장어 특유의 비린 맛이 전혀 없고 양념 맛도 강하지 않아 맛있게 먹을 수가 있었습니다. 쫄깃한 식감 또한 훌륭합니다.

이곳은 함께 나오는 반찬도 몸에 좋은 음식들로 가득한데요. 산에서 직접 캐온 나물 반찬은 특유의 향취가 살아있어 건강한 느낌을 더해줍니다. 또한 이집에서는 먹음직스러운 계란찜도 별미입니다.

숯불향이 그윽한 풍천장어와
동백식당의 별미인 계란찜

# 선사문화 체험을 할 수 있는 고인돌 정보화마을  황토펜션

**주소** 전북 고창군 고창읍 도산리 179 ｜ ☎ 063-563-7299 ｜ http://goindol.invil.org

고인돌 정보화마을에서는 황토펜션도 운영합니다. 화려한 시설은 아니지만 독채를 사용할 수 있으며 시원하게 보이는 논을 전망하는 주변 풍광도 시골스럽고 정감이 갑니다. 산책 삼아 북방식 고인돌을 구경하러 다녀올 수도 있고, 걸어서 고인돌박물관을 방문하기에도 좋은 위치입니다. 다른 고급 펜션이나 민박처럼 바비큐장비를 갖추고 있지는 않으니 야외에서 조리할 분들은 그릴과 망, 숯을 챙겨가는 것이 좋습니다.

고인돌 정보화마을 오두막 풍경과 고인돌 민박

# 청정한 대나무 숲을 거닐다 담양

**추천 코스** (1박 2일)

**출발** ▶ 죽녹원 ▶ 관방제림 ▶ 메타쉐콰이어 가로수 길 ▶ 점심 ▶ 한국대나무박물관 ▶ 담양온천 ▶ 슬로시티 창평에서 숙박 ▶ 창평면 삼지천 마을 아침 산책 혹은 자전거 타기 ▶ 삼지천 마을에서 한과, 쌀엿 만들기 체험 ▶ 귀가

사시사철 푸르른 대나무가 자라는 곳, 담양! 어느 계절에 가더라도 아름답고 평화로운 곳입니다. 다시 한번 담양을 간다면 신록이 푸르른 5월에 가서 아이들과 함께 아름다운 관방제림 길을 걸을 것입니다. 5월에는 또한 대나무 축제도 열려서 담양 곳곳에 볼거리와 먹을거리가 풍족해져 여행자의 마음을 들뜨게 합니다.

그리고 그 후에 한 번 더 담양을 찾게 된다면 전라도에 큰 눈이 내릴 때 하얗게 눈 쌓인 죽녹원 길을 걷고 싶습니다. 사랑하는 가족들과 눈 쌓인 죽녹원 숲길을 걷다 보면 눈 밟히는 소리와 함께 사랑하는 마음이 푸른 대나무 잎처럼 가슴 가득 다가와 박힐 것이기 때문입니다.

죽녹원의 푸르른 대나무 숲 풍경

# 한국대나무박물관 대나무로 만든 지혜로운 생활도구 만나기!

**주소** 전남 담양군 담양읍 천변리 401-1 | ☎ 061-380-3114 | http://www.damyang.go.kr/museum

예로부터 담양은 대나무로 만든 죽세공품이 유명하여 전국적으로 이름이 높았습니다. 왜 담양의 대나무가 질이 좋고 죽제품을 만들기에 좋았는지는 대나무박물관에 가면 저절로 이해할 수 있습니다.

무료 해설을 원하는 분들은 안내를 신청하면 되는데, 박물관에 전시된 물건에 대한 재미난 이야기를 들을 수 있습니다. 요즘 박물관은 이러한 서비스들이 잘 갖추어져 있어서 우리가 찾으려고만 하면 배움의 기회는 무궁무진합니다.

해설이 가능한 전시실은 1층에 마련된 1, 2전시관입니다. 1전시관에서는 대나무의 습성에 대한 입체적인 전시물들과 지역별 대나무의 특징을 비교해볼 수 있습니다.

2전시관에는 재배한 대나무를 죽세공하는 과정과 그에 사용되는 도구들이 전시되어 있습니다. 또한 대나무 명인들이 죽세공품을 만드는 과정을 영상물로 만들어 상영하고 있으며 우리 조상들이 죽제품을 만드는 밀랍 모형도 전시하고 있어 아이들의 흥미를 끕니다.

전시실 입구를 나와 오른쪽으로 방향을 틀면 죽제품 체험관이 나옵니다. 바람개비, 활과 화살, 연필꽂이, 물총 같은 간단한 대나무 용품들을 직접 만들 수 있어 아이들과 함께 좋은 추억을 남길 수 있습니다.

한국대나무박물관 관람안내

| 구분 | 개인 | 단체 | 비고 |
| --- | --- | --- | --- |
| 어른 | 1,000 | 800 | 65세 이상 무료 |
| 청소년과 군인 | 700 | 500 | 하사 이하급 |
| 어린이 | 500 | 300 | 6세 이하 무료 |

 **교과서 돋보기**

에어컨과 선풍기가 없던 시절 우리 조상들은 열기를 식혀주는 시원한 성질을 가진 대나무로 여름나기 물건을 만들었습니다. 대나무를 이용한 여름나기 물건에는 어떤 것들이 있을까요?

**부채** 얇게 쪼갠 대나무 살에 한지를 발라 만든 부채는 조상들의 대표적인 여름나기 물건입니다. 고온다습한 여름철에 없어서는 안 되는 물건이었죠. 부채는 오늘날의 선풍기나 에어컨에 해당하는 물건입니다. 시원한 대청마루에 앉아 부채질을 하면 한여름의 더위도 뚝딱 날릴 수 있었다고 합니다.

**죽부인** 죽부인은 대나무를 다듬어 사람 키만 한 크기의 베개 모양의 기구를 가리킵니다. 이것을 밤에 껴안고 자면 이불 속에 공간이 생겨 바람이 잘 통해 시원함을 느낄 수 있었다고 합니다.

다양한 모양의 전통 부채

**토시** 대나무로 만든 토시는 소매 사이에 집어넣어 옷감과 옷이 달라붙지 않게 했습니다. 그래서 땀을 많이 흘리게 되는 여름에도 옷과 팔 사이에 바람이 시원하게 통하여 더위를 피할 수 있었지요.

**등등거리** 대나무를 얽어 만든 조끼 같은 것으로, 옷을 입기 전에 입어주면 땀에 젖은 피부와 옷이 달라붙지 않았습니다.

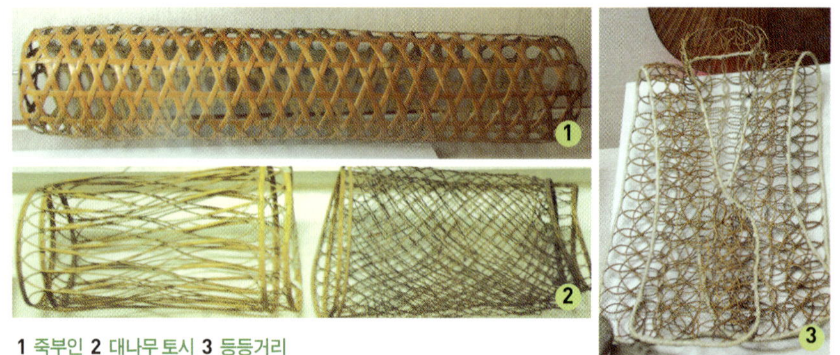

1 죽부인 2 대나무 토시 3 등등거리

# 죽녹원 한적하고 평화로운 대나무 숲길 여행!

**주소** 전남 담양읍 향교리 282 | ☎ 061-380-2780 | http://www.juknokwon.org

대나무는 고온다습한 곳에서 잘 자라는 식물입니다. 담양은 비가 많이 내리는 지역이라 대나무의 생육발달에 매우 유리한데요. 죽녹원에 가면 몸통이 굵직하고 잎이 창창한 멋진 대나무들이 있어서 대나무 숲길을 사시사철 즐길 수 있습니다. 대나무에서 뿜어져 나오는 싱그러운 기운을 온몸으로 받으며 걷는 굽이굽이 산책길은 아이들과 부모님들께 큰 즐거움을 선사할 것입니다.

또한 죽녹원은 영화 촬영지와 드라마 촬영지로도 이름이 높습니다. 사시사철

시원한 대나무 숲의 맑은 모습이 사진이나 영상으로 담아내기에 적합하기 때문이
겠지요. 죽녹원에는 여러 종류의 대나무들이 자라고 있습니다. 대나무박물관을 들러
본 가족들이라면 이제 자신 있게 대나무의 종류를 구분할 수 있을 것입니다. 아이들과
알고 있는 대나무를 구분해보는 놀이를 하면서 산책하는 것도 즐거울 것입니다.

한적하고 아늑한 죽녹원 산책로 풍경

## 죽녹원 관람안내

| 구분 | 개인 | 단체 | 비고 |
| --- | --- | --- | --- |
| 어른 | 2,000 | 1,600 | 65세 이상 무료 |
| 청소년과 군인 | 1,500 | 1,000 | 하사 이하급 |
| 어린이 | 1,000 | 600 | 6세 이하 무료 |

• 관람시간은 09:00~19:00까지이며 단체는 20인 이상입니다.

# 창평면 삼지천 마을 시간이 느리게 가는 슬로시티 창평!

**주소** 전남 담양군 창평면 창평리 82-2 | ☎ 061-380-3807 | http://www.slowcp.com

**슬로시티 창평면의 돌담**

슬로시티 창평 삼지천 마을은 돌담길이 자연스럽게 살아 있어 아시아 최초로 슬로시티로 지정되었다고 합니다. 서울과 다르게 부드럽게 감기는 아침 공기는 너무나 좋습니다. 조금만 아랫녘으로 내려와도 겨울 속에서 느끼는 공기의 느낌은 너무나 따사롭습니다. 창평면에는 상류층이 살던 남부지방의 전형적인 일자형 가옥들이 눈에 많이 띄는데요. 과거에 상당한 부촌이었던 것 같습니다.

세 군데의 고택이 있는데 모두 다 24시간 개방하고 있습니다. 제가 둘러본 가옥은 고재선 가옥인데, 전형적인 일자형 구조의 남부지방 기와 양식으로 상당히 부유했던 집임을 알 수 있습니다. 옆으로 기다란 행랑채와 헛간채, 안채와 분리된 사랑채, 널찍한 정원이 집안의 규모를 짐작케 해줍니다.

　마을에서 무료로 대여해주는 자전거를 타고 과거로의 시간 여행을 떠나 볼 수도 있습니다. 옛 추억이 고스란히 살아 있는 창평면 삼지천 마을에서의 하룻밤은 아이들에게도 잊지 못할 추억이 될 것입니다.

### 교과서 돋보기

**남부지방의 가옥 들여다보기**

　창평면에 가면 남부지방의 전통 가옥인 '고재선 고가'를 꼭 찾아보기 바랍니다. 고재선 고가는 전라남도 민속자료 제5호로 지정된 문화유산이기도 합니다.

　입구에 들어서면 먼저 한쪽으로 길게 늘어져 있는 곳간채가 있고, 안채가 일자형으로 탁 트이게 자리 잡고 있습니다. 비가 많이 오고 더운 날씨의 남부지방은 일자형 집을 지었는데요. ㄷ자나 ㄴ자 형태의 가옥은 바람이 나가는 길을 차단시키기 때문입니다. 그 외에 또 하나의 특징이 대청마루입니다. 고재선 가옥에는 아주 너른 대청마루는 없지만 방문 앞마다 비교적 넓은 마루를 깔아 시원한 느낌을 더했습니다. 또한 남부지방의 많은 가옥들은 창문을 많이 내어 바람이 더 잘 통하게 했고, 더운 여름 취사를 위하여 마당에다가 아궁이를 따로 설치하여 밖에서 밥을 짓기도 하였습니다.

　시원하게 앞뒤가 트인 대청마루가 있는 한옥을 보면 저절로 더위가 가시는 느낌이 듭니다. 한옥은 자연의 순리를 거스르지 않았던 우리 조상들의 지혜로움이 깃들어 있습니다.

## 시골의 넉넉한 인심을 느낄 수 있는 황토방 장터국밥

**주소** 전남 담양군 창평면 창평리 190 (창평시장)  |  ☎ 061-381-7159

삼지천 마을의 명물인
암뽕순대와 장터국밥

창평면 슬로시티에 가면 장터국밥 골목이 유명합니다. 담양 하면 떡갈비를 떠올리는 사람들이 많은데 장터국밥 역시 떡갈비만큼이나 유명합니다. 넉넉한 시골 인심이 얼마나 좋은지 국물이 넘치도록 빼곡하게 들어찬 건더기들을 보면 저렴한 국밥 값을 지불하기가 죄송스러워질 정도입니다.

## 깔끔하게 단장된 신축 한옥펜션 한옥에서

**주소** 전남 담양군 창평면 삼천리 364  |  ☎ 061-382-3832, 011-606-1283
**홈페이지** http://hanokeseo.namdominbak.go.kr

조용한 주인아저씨가 운영하는 이 숙소는 잘 단장된 신축 한옥이며 아름답게 가꾸어진 정원이 일품입니다. 최근 다도 체험장을 새로 만들어 투숙하는 손님들에게 차 마시는 체험도 할 수 있게 배려하고 있어 더욱 좋습니다. 이곳에서는 전통 쌀엿을 만들어보는 체험도 가능합니다.

# 여행의 노곤함을 풀어주는 담양리조트

**주소** 전남 담양군 금성면 원율리 399 | ☎ 061-380-5000 | http://www.damyangspa.com

**가족 휴양지로 안성맞춤인 담양리조트**

온천은 사시사철 우리나라 국민들이 으뜸으로 찾는 관광지 중 하나입니다. 담양에는 담양리조트가 있습니다. 레일로 된 기다란 야외 수영장까지 갖추고 있어서 가족 휴양지로는 안성맞춤입니다. 특히 대온천탕 외에도 가족끼리만 오붓하게 온천욕을 즐길 수 있는 패밀리온천 히노끼탕이 준비되어 있어 많은 사람들에게 만족을 주고 있습니다.

# 백악기 공룡의
# 흔적을 찾아서
# 해남

**추천 코스** (1박 2일)

**출발** ▶ 해남 김치마을체험 ▶ 두륜산 케이블카 탑승 ▶ 점심식사 ▶ 대흥사 산책 ▶ 땅끝 모노레일 타고 땅끝전망대 구경 ▶ 저녁식사 및 숙소에서 1박 ▶ 우항리 공룡박물관

두륜산 자락 아래 포근히 안겨 있는 해남은 그냥 '땅끝'이라 칭하기엔 너무나 아름답습니다. 남도 여행의 백미라 일컬어지는 맛있는 먹을거리와 남녘에서만 느낄 수 있는 따사로움은 해남이 우리에게 선사하는 선물과 같은 매력입니다.

또한 백악기시대의 지층과 화석이 잘 보존되어 있는 우항리와 대한민국의 땅끝을 전망할 수 있는 땅끝전망대, 부처님의 품안에 오롯이 안긴 천년 고찰 대흥사, 신나는 두륜산 케이블카체험은 가족 여행지로서 해남이 돋보이는 이유입니다.

해남에 있는 김치마을에서는 가을, 겨울철 김장체험뿐만 아니라 신나는 바다갯벌체험과 수영장 및 박쥐동굴 탐사도 가능합니다. 자연 경관이 아름답고 볼거리와 즐길거리들이 풍부한 곳 해남! 땅끝 해남은 이제 대한민국 여행의 출발선입니다.

아름다운 해남 땅끝마을 풍경

# 해남 김치마을체험 내 손으로 아삭한 김치 담그기!

**주소** 전남 해남군 북평면 동해리 848-1 | ☎ 061-534-1743 | http://kimchi.invil.org

**김치마을에서 즐기는 특별한 김장체험**

여행지에서 체험을 곁들이게 되면 아이들에게는 더 없이 좋은 추억으로 남는 여행이 됩니다. 김장철을 맞이하여 방문해본 해남 김치마을은 정보화마을센터가 잘 구축되어 있고, 친절한 운영방식이 돋보였으며, 김치 만들기 체험 외에도 다양한 체험들이 있었습니다.

가족 단위의 개별체험 예약은 단체 고객들이 마을을 방문하는 날에만 가능하니 먼저 가능한 체험 일정을 체크해서 미리 전화하고 방문하는 것이 좋습니다.

겨울에는 주로 김장체험과 인절미 만들기 등이 가능하며, 마을 인근에 박쥐가 서식하는 동굴이 있어 마을주민의 안내를 받아 박쥐동굴 탐사도 가능합니다. 아이들이 박쥐를 가까이에서 관찰할 수 있다는 것만으로도 놀라운 경험이 됩니다.

여름에는 마을에서 운영하는 물놀이장에서 신나는 물놀이도 가능하고, 마을 앞에 펼쳐져 있는 드넓은 갯벌에서 갯벌체험도 할 수 있습니다. 뿐만 아니라 뗏목 타기 같은 재미있는 놀이도 가능합니다. 친한 가족들끼리 팀을 만들어 하고 싶은 체험들로 일정을 만들어서 마을에서 신나는 하루를 보내는 것도 좋을 것 같습니다.

**Q.** **우리나라를 대표하는 발효식품 김치는 어떻게 만들어서 먹게 되었나요?**

우리나라는 사계절이 뚜렷한 기후라서 겨울에는 싱싱한 채소를 재배해서 먹을 수 없었습니다. 그래서 가을에 배추를 수확하여 소금에 절여 겨울철 내내 우리 몸에 필요한 비타민과 무기질 같은 영양분을 공급하였습니다. 겨울에 하얀 눈이 소복하게 내린 옹기 뚜껑을 열고 살얼음이 총총히 박힌 동치미를 바가지 가득 퍼와 따스한 아랫목에서 국수와 함께 말아먹는 기분……. 생각만 해도 입속에 군침이 가득 고입니다. 우리 조상들은 이렇듯 김치 같은 저장음식을 통해 찬바람이 몰아치는 겨울철에도 맛있는 야채를 먹을 수 있었습니다.

김치를 이용해 만든 맛있는 요리

　그렇다면 이처럼 맛있는 김치는 언제부터 먹었을까요? 삼국시대 고분 벽화를 보면 옹기에 담겨 있는 김치의 모습이 보입니다. 따라서 삼국시대 이전부터 우리 조상들이 저장음식을 먹었을 것으로 짐작하고 있습니다. 김치의 젖산균을 더욱 더 잘 만들어주는 고추는 임진왜란 이후에 들어왔기 때문에 임진왜란 전까지는 소금이나 장류에 절인 김치를 주로 먹었습니다. 요즘에는 주로 배추나 무를 이용하여 김치를 만들어 먹는 것에 반해 저장 야채가 많이 필요했던 과거에는 양파, 죽순, 호박 등 먹을 수 있는 야채들은 죄다 김치로 만들어 먹었을 정도로 다양한 야채를 활용했습니다. 그리고 임진왜란 이후 일본으로부터 고추가 전래되면서 비로소 지금 우리가 먹는 김치의 모양새가 완성됩니다.

고추는 김치 안에 있는 몸에 좋은 젖산균을 더욱 잘 나오게 만드는 역할을 하기 때문에 없어서는 안 될 필수요소로 자리 잡았습니다.

### Q. 지역별로 김치 맛이 차이가 나는 이유는 무엇인가요?

여행을 하다 보면 지역별로 김치 맛이 서로 다른 것을 알 수 있습니다. 북쪽지방 김치는 사각사각하고 시원한 맛이 납니다. 하지만 점점 남쪽으로 내려올수록 걸쭉하고 진한 맛이 나며 북쪽지방보다 짠맛이 더 강하게 느껴집니다. 그것은 남쪽이 북쪽보다 덥기 때문에 식품 보관을 위해 상대적으로 소금과 젓갈을 많이 쓰기 때문입니다.

### Q. 계절에 따라서는 어떤 김치를 주로 먹었나요?

날씨가 따사로워지는 봄철에는 젖산균이 풍부하게 들어가 있는 나박김치 한 숟갈이면 기운이 불끈 났습니다. 여름에는 씹히는 질감이 아삭아삭하고 시원한 오이소박이를 주로 먹었습니다. 그야말로 제철에 나는 채소로 만든 김치인 셈이지요. 배추를 수확하는 가을에는 포기김치를 만들어 김장을 했습니다. 겨우내 항아리에 묻어두고 한 포기씩 꺼내 먹었지요. 겨울에는 살얼음이 얇게 뜬 동치미가 제 맛이었습니다. 우리 조상들은 이렇게 제철에 나는 맛있는 채소를 써서 계절별로 각기 다른 김치 맛을 즐겼습니다.

# 두륜산케이블카 국내 최장거리의 케이블카

**주소** 전남 해남군 삼산면 구림리 138-6 | ☎ 061-534-8992 | http://www.haenamcablecar.com

두륜산의 아름다움은 그 땅을 직접 밟아봐야 알 수 있습니다. 너른 땅끝을 곱디고운 치마폭으로 아늑하게 감싸 안은 듯한 산세는 따사롭고 넉넉한 어머니의 모습 그 자체라고 할 수 있습니다.

**운해를 내려다보는 두륜산 케이블카**

두륜산은 오르기에 험한 산은 아니지만 아이들과 오르기 수월하도록 케이블카가 설치되어 정상까지 오르내리는 발길이 쉬워졌습니다. 국내 최장거리인 두륜산 케이블카를 타고 정상에 올라 나무 계단을 좀 더 올라가면 드디어 두륜산 꼭대기에 발을 디딜 수 있습니다.

눈앞으로 펼쳐지는 다도해와 한라산의 수려한 정경은 정상에 오른 기쁨을 느끼기에 충분합니다. 높은 산 정상까지 운행하는 케이블카인 만큼 기상 악화로 바람이 너무 세게 불면 운행을 중단하는 경우도 있으니, 바람이 세게 부는 날은 미리 전화를 해보기 바랍니다.

## 두륜산 케이블카 탑승안내

| 대인(14세 이상) | 소인(3~13세) | 단체 할인(대인 30인 이상) |
| --- | --- | --- |
| 8,000 | 5,000 | 7,000 |

• 상기 요금은 왕복요금이며, 현장에서 당일 시간 예약이 가능합니다.

# 대흥사 부처의 품 안에 안긴 아늑한 사찰

**주소** 전남 해남군 삼산면 구림리 799 | ☎ 061-534-5502 | http://www.daeheungsa.co.kr

진흥왕 5년에 아도화상이 창건한 대흥사는 천 년이 넘는 세월을 이어온 유서 깊은 사찰입니다. 이곳은 부처가 누워 있는 형상의 산자락에 안겨 있는 모습이며, 자연과 조화를 이루는 건축물에서 아름다움을 느낄 수 있습니다.

건물들마다 빛이 바랜 듯한 낡은 단청의 미묘한 색감도 대흥사의 아름다움에 한 몫을 하는데요. 오랜 세월동안 자연스럽게 탈색된 단청 빛깔의 예스러움은 천 년 역사의 고찰이 주는 매력이기도 합니다.

대흥사는 또한 산책하듯 걸어 들어갈 수 있는 입구도 너무나 아름답습니다. 계곡물 흐르는 소리를 배경음악 삼아 걷는 길은 청량감마저 들게 합니다.

대흥사의 대웅보전 오른편으로는 신라 양식으로 건축된 삼층석탑이 있습니다. 응진전 앞 삼층석탑이라 불리는 이 탑은 보물 제320호로 지정되었으며, 신라시대의 자장율사가 가져온 석가여래의 사리탑을 봉안하고 있습니다.

고즈넉한 대흥사의 가을 풍경과
응진전 앞 삼층석탑

# 땅끝전망대 모노레일 타고 멋진 풍경을 마음에 새기기

**주소** 전남 해남군 송지면 송호리 산 1-7 | ☎ 061-530-5544 | http://tour.haenam.go.kr

연중 두 차례만 볼 수 있는
해남 해돋이 풍경과 모노레일카

다도해의 탁 트인 전망과 저 멀리 보길도까지 한눈에 볼 수 있는 땅끝전망대는 최근 모노레일이 생기면서 더 편안하게 다녀올 수 있게 되었습니다. 땅끝은 원래 신증동국여지승람에 따르면 우리나라 남쪽 기점이었다고 하며 북으로는 함경북도 온성을 최북단으로 잡고 있습니다. 최남선은 서울에서 땅끝 해남까지를 천 리, 서울에서 다시 함경북도 온성까지를 이천 리로 잡아 삼천리 우리 강산이라는 말로 표현하였다고 합니다.

전망대까지 올라가 풍경을 감상한 후에 체력이 허락한다면 전망대 우측으로 난 계단을 내려가 땅끝 탑까지 한번 가보기 바랍니다. 0.4km로 그리 멀지는 않지만 가파른 길이기 때문에 오르내리기가 쉽지는 않습니다. 그러나 땅끝 탑에서 바라보는 전망은 또 하나의 즐거움을 선사해줍니다.

| 구분 | | 어른 | 청소년과 군인 | 어린이 |
|---|---|---|---|---|
| 왕복 | 개인 | 4,000 | 3,000 | 2,000 |
| | 단체 | 3,500 | 2,500 | 1,500 |
| 편도 | 개인 | 3,000 | 2,000 | 1,000 |
| | 단체 | 2,500 | 1,500 | 1,000 |

# 우항리 공룡박물관 잃어버린 백악기시대의 공룡을 찾아서

**주소** 전남 해남군 황산면 우항리 191 | ☎ 061-532-7226 | http://uhangridinopia.haenam.go.kr

우항리에서 발견된 익룡 발자국

공룡! 지층! 화석! 이것들은 떼려야 뗄 수 없는 관계를 가지고 있는 것들입니다. 공룡은 아이들의 호기심을 자극하는 영원한 테마이지만 지층과 화석은 상당히 이해하기 어려운 개념입니다. 그러나 이런 개념도 공룡과 맞물리면 매우 재미있는 공부거리가 될 수 있습니다.

해남 우항리에서는 우리나라 최대의 공룡 발자국이 발견되었는데, 그 규모는 아시아에서도 그 유래를 찾아볼 수 없다고 합니다. 공룡에 대해 자세히 알고 싶다면 우항리 공룡박물관은 필수코스라고 할 수 있습니다.

관람 순서는 매표하고 들어가서 A코스와 B코스 둘 중 하나를 택일하여 관람하면 되는데요. 어느 코스를 위주로 돌아도 상관없고, 박물관 자체가 매우 넓기 때문에 시간은 반나절 정도를 할애해야 합니다. 따라서 아이들이 지치지 않게 체력 안배를 잘해야 합니다.

 **교과서 돋보기**

**공룡의 탄생과 멸망**

공룡은 어떻게 생겨나고 또 무엇 때문에 사라졌을까요? 최초의 공룡은 중생대의 트라이아스기에 지구상에 나타나기 시작했습니다. 이렇게 설명하면 좀 어렵습니다.

공룡을 알려면 우선 판구조론에 대해서부터 설명을 시작해야 합니다. 지구는 아주 오래전에는 하나의 판으로 붙어 있었습니다. 이맘때부터 사실은 공룡이 살기 시작한 것입니다. 이때는 지구가 하나의 땅덩어리였기 때문에 공룡은 이 대륙 저 대륙을 마음대로 활보하고 다녔습니다. 그래서 공룡의 종류가 좀 적고 단순했습니다.

그러다가 공룡들의 천국인 쥐라기가 되면서 두 개의 판으로 갈라지게 됩니다. 쥐라기라는 말은 들어보았을 겁니다. 중생대는 트라이아스기, 쥐라기, 백악기로 나뉘는데 이 중 두 번째에 해당되는 시기가 바로 쥐라기입니다. 이때는 지구 기후가 고온다습한 기후로 변하게 되고, 판이 갈라지면서 대륙마다 서로 다른 종류의 공룡이 살게 되었습니다. 그래서 공룡의 종류도 훨씬 늘어나게 되지요.

마지막 백악기가 되면 지금의 5대양 6대주의 틀이 완성이 되고, 각 대륙별로 다른 공룡들이 서식하면서 더욱더 많은 종류의 공룡들이 생겨나게 됩니다.

우리나라는 백악기 공룡들이 살던 곳입니다. 우항리 및 경남 고성 일대의 지층들은 모두 백악기시대의 어마어마하게 오래된 지층들입니다. 우항리에서는 독특하게 익룡 발자국이 발견되어 학계의 관심을 끌고 있는 곳입니다.

그럼 그렇게 많은 공룡들이 왜 멸종했을까요?

여러 가지 설이 있지만 최근에는 운석 충돌설에 비중을 두고 있습니다. 공룡 화석 주변으로 지구에서 발견되지 않은 암석 성분이 떨어진 흔적들이 곳곳에서 나타나고 있기 때문이지요.

## 자연산 미꾸라지로 만든 추어탕  수라간

**주소** 전남 해남군 삼산면 구림리 (대흥사 주차장) | ☎ 061-534-4089

**고소하고 깊은 맛을 자랑하는 추어탕**

대흥사 입구의 커다란 주차장에서 보면 '수라간'이라는 간판을 쉽게 발견할 수 있습니다. 붐비지 않는 식당이지만 자연산 미꾸라지를 이용해 만든 추어탕은 관광객보다는 해남 현지 토박이 주민들에게 더욱 더 유명한 곳입니다. 자연산을 사용한 탓인지 비린 맛이 전혀 없고 진하게 우러나오는 구수한 국물 맛이 한번 찾은 손님들을 다시 찾게 만듭니다.

## 주인 할아버지의 따뜻한 인정이 느껴지는 숙소  해남 흥부민박

**주소** 전남 해남군 삼산면 구림리 617-9 | ☎ 061-533-3103 | http://www.haenamtour.com/

무선동 민박촌에 위치한 해남 흥부민박은 인심 좋은 할아버지의 따스한 환대 속에서 하룻밤을 편안하게 보낼 수 있습니다. 평범한 민박이지만 할아버지의 아기자기한 손길이 닿지 않은 곳이 없을 정도로 민박집 곳곳에는 진한 손때가 묻어 있습니다.

**해남 흥부민박 입구**

아이들이 신나게 뛰어놀 수 있는 널찍한 마당과 손수 황토와 대나무를 섞어 만든 황토방이 흥부민박의 자랑거리입니다. 아궁이에 장작불을 넣어 불을 때면 방바닥이 금세 뜨끈뜨끈해져서 밤새 몸을 녹이며 편안하게 잠들 수 있습니다.

민박집 주변으로 펼쳐져 있는 자연스러운 시골풍경은 몸과 마음을 즐겁게 합니다. 인근 관광지와도 거리가 가까워 여러모로 편리합니다.

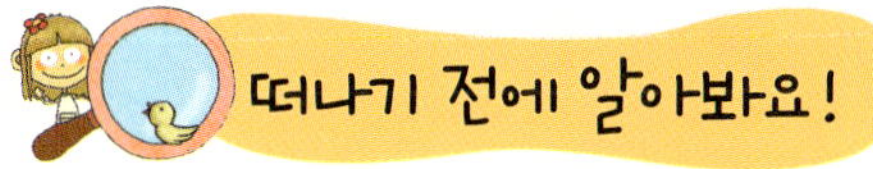


### 해남으로 떠나기 전에 기억하세요!

우리 아이들이 마치 전문가가 된 것처럼 공부를 해보면 어떨까요? 전문가처럼 한 분야에 파고들고 다양한 학습법을 동원해보는 것을 프로젝트 학습이라고 합니다. 미취학 아동이나 초등학교 저학년 아이들은 인지구조가 한창 발달되는 단계이기 때문에 다양한 방법으로 학습하는 것이 무엇보다 중요합니다.

여행은 바로 이런 프로젝트 학습의 결정판이라 할 수 있습니다. 해남 우항리 공룡박물관 여행으로 배울 수 있는 프로젝트 학습법을 소개하겠습니다.

### 1단계 : 준비 과정

아이들과 함께 다양한 공룡 책을 찾아 읽습니다.

여행을 하기 전에 여행할 곳에 대해 미리 책으로 만나보는 것은 매우 중요한 경험입니다. 일단 여행의 테마가 '공룡'이므로 아이들과 함께 공룡에 대한 책을 찾아 읽음으로써 지적 호기심을 극대화시킬 수 있습니다.

### 2단계 : 경험 과정

여행지를 통하여 직접 공룡을 배우고 익힙니다.

책을 충분히 읽고 이야기를 나누었다면 이제 박물관을 방문하여 책에서 보고 익힌 내용을 직접 확인하는 과정입니다. 책에서 평면적으로 익힌 지식은 직접 방문하고 눈으로 보는 과정을 통해서 입체적이 되고 더욱 정교해집니다.

### 3단계 : 마무리 과정

여행지에 다녀온 후 공룡 관련 비디오 시청, 입체퍼즐 놀이, 공룡마을 꾸며보기 등 다양한 활동을 통해 여행지에 대한 느낌을 정리합니다.

독서 → 경험 → 활동에 대한 정리를 통하여 평면적이었던 지식은 보다 입체적이고 정교해집니다. 보고에 따르면 경험으로 얻어진 지식을 잊어버리게 될 확률이 10%에 지나지 않는다고 합니다. 사전 준비와 풍부한 독서, 입체적인 경험을 통해 지식을 내 것으로 만들 수 있으며, 그렇게 형성된 지식은 아이들에게 지혜로움과 창의력을 선사합니다.

# 설문대 할망이
# 만든 꿈의 여행지
# 제주

**관련 교과**

| **2-1 국어** | 설문대 할망 이야기를 읽어보자.

| **3-2 과학** | 돌과 흙을 이용한 집에 대해 알아보자.

| **4-2 과학** | 공룡에 대해 조사해보고, 화석이 만들어진 과정을 알아보자.

| **5-1 사회** | 자연환경에 따라 주거생활이 다른 이유를 알아보자.

| **5-2 과학** | 화산활동이 우리에게 주는 영향을 알아보자.

## 추천 코스 (2박 3일)

**출발** ▶ 제주시에서 점심식사 ▶ 제주공룡랜드 ▶ 삼성혈 ▶ 신비의 도로 체험 ▶ 서귀포로 이동 ▶ 저녁식사 ▶ 숙박 ▶ 아침식사 후 제주 올레 7코스 걷기(2~3시간 정도가 적당함) ▶ 점심식사 ▶ 감귤 따기 체험 또는 바다낚시 또는 숙소 부대시설 이용 또는 해수욕장에서 바다 물놀이 ▶ 저녁식사 ▶ 숙박 ▶ 마라도 다녀오기 또는 제주 오름 체험

조선시대까지 제주는 유배의 고장이었습니다. 또한 일제시대에는 태평양전쟁의 전초 기지가 되어 수많은 제주 토착민들이 희생되었고, 해방 후에는 4·3사건으로 한 차례 홍역을 치렀습니다. 아이들과 올레길을 걷다 보면 곳곳에 남아있는 역사의 흔적들에 가슴이 아플지도 모릅니다. 그러나 제주가 있었기에 지금 대한민국은 더 강하게 성장할 수 있었습니다.

교과서 여행의 마지막 코스인 제주 편에서는 제주의 진면목을 느낄 수 있으면서도 독특한 자연환경을 찬찬히 살필 수 있도록 오름과 자연사박물관, 제주의 탄생설화가 배경이 된 삼성혈, 눈부신 제주의 자연을 느끼게 해줄 올레길 투어로 그 코스를 잡았습니다. 유배의 땅, 아픔의 땅이 아닌 아름다운 은혜의 땅 제주를 아이들과 함께 만나보기 바랍니다.

제주의 독특한 지형인 주상절리

# 제주공룡랜드 어린이들의 영원한 로망, 공룡!

**주소** 제주도 제주시 애월읍 광령리 2677-11 | ☎ 064-746-3060 | http://www.jdpark.co.kr

제주공룡랜드 브라키오사우루스 모형

넓은 부지에 지어진 공룡랜드는 공룡에 대한 전반적인 학습을 할 수 있을 뿐만 아니라 공룡에 흥미가 많은 아이들을 위한 다양한 놀이시설이 잘 갖춰져 있는 테마파크입니다. 공룡뿐만 아니라 제주도의 전형적인 화산지형인 주상절리 모형과 현무암 모형, 그리고 해양생물의 화석과 표본을 관찰할 수 있는 자연사박물관과 해양박물관도 마련되어 있으며, 3D 입체영상관은 화면에서 공룡이 바로 튀어나올 듯한 아찔함을 선사합니다.

다양한 체험들도 많지만 아이들이 좋아하는 어마어마한 크기의 초식공룡 브라키오사우루스의 실제 크기 모형은 놀라운 볼거리를 제공합니다. 공룡랜드에는 조랑말타기 체험장과 나만의 인형을 만들어볼 수 있는 쉐리팩토리, 그리고 새 모이를 직접 줄 수 있는 체험장도 마련되어 있습니다.

## 제주공룡랜드 관람안내

| 구분 | 대인 | 소인 | 비고 |
| --- | --- | --- | --- |
| 개인 | 9,000 | 6,000 | 만 19~64세 |
| 단체 | 7,000 | 5,000 | 단체는 20인 이상 |
| 장애인 / 경로 / 군경<br>국가유공자 | 6,000 | 4,000 | 경로는 만 65세 이상 |

- 관람시간 12~3월(09:00~19:00)  4~6월(09:00~20:00)
  7~9월(09:00~21:00)  10~11월(09:00~20:00)
- 극성수기인 7월 15일에서 8월 25일까지는 09:00~22:00까지 운영합니다.
- 장애인 할인의 경우 1~5급을 적용하며 1~3급 동반 1인까지 할인, 4~5급은 본인만 적용합니다.

**한반도의 공룡은 백악기 공룡!**

공룡의 학명 외우기가 교과서에 등장한다면 공룡에 호기심이 많은 아이들의 경우 관련 시험에서 100점을 받을 가능성이 클 겁니다. 하지만 교과서에 공룡이 등장하는 이유는 공룡이 살았던 시대의 지질학적 특징 때문입니다.

공룡은 지구가 생긴 이래 트라이아스기 후기부터 등장했습니다. 처음에 지구는 하나의 커다란 땅덩어리였습니다. 해남의 우항리 공룡유적지 부분에서도 자세히 설명하였지만, 하나의 거대한 판이었던 지구는 지구 내부의 힘을 이기지 못하고 조금씩 떨어져 나가기 시작합니다. 트라이아스기 후기와 이어지는 쥐라기 시대에는 이 대륙에서 저 대륙으로 건너다니기가 수월했습니다. 땅덩어리들이 많이 떨어지지 않았기 때문입니다. 그래서 공룡의 종류도 단순했습니다.

그러나 백악기에 이르러 지금 현재의 지구 모습과 비슷하게 판이 갈라지게 되자 각 대륙마다 뿌리를 내리는 공룡들의 모습도 각각 차이가 나게 되고 다양한 종류의 공룡들이 존재하게 됩니다.

한반도에 살았던 공룡은 바로 이 백악기에 살았던 공룡입니다. 그래서 공룡의 화석이나 발자국이 발견되는 지역의 지층을 분석해보면 지금 현재의 토양이 아닌 백악기 시대의 것으로 판명되는 지층이 여러 군데에서 발견되는 것입니다. 놀라운 것은 당시 공룡의 발자국들 역시 오랜 세월에 걸쳐 단단한 화석으로 묻혀 있다가 지각변동으로 우리 앞에 모습을 드러낸다는 것입니다.

# 삼성혈 설문대 할망 전설의 발상지

---

**주소** 제주도 제주시 이도1동 1313 | ☎ 064-722-3315 | http://www.samsunghyeol.or.kr

---

이 세상을 창조한 분에 관한 이야기로는 육지에서는 '마고할미', 제주도에서는 '설문대 할망'의 이야기가 있습니다. 그렇다면 제주도가 생겨난 이야기는 어디에서 만

**설문대 할망의 전설이 담긴 삼성혈**

날 수 있을까요? 그 실마리를 풀 수 있는 장소가 바로 삼성혈입니다.

삼성혈은 제주도를 탄생시킨 전설의 발상지라고 할 수 있습니다. 삼성혈에서 만나는 혈이 바로 제주도를 탄생시킨 삼을나가 태어난 곳으로, 나무들이 혈 주변을 마치 절 하듯이 에워싸고 있고 눈이 와도 눈이 쌓이지 않고 비가 와도 비가 고이지 않는 신비로운 장소로도 유명합니다.

삼성혈에 얽힌 전설은 경내 전시실의 영상관에서 재미있는 애니메이션으로 감상할 수 있으니 놓치지 마세요. 참고로 삼성혈은 제주 칼호텔에서 도보로 5분 거리에 있습니다.

## 숨어있는 이야기를 찾아라!

태초에 탐라에는 사람이 살지 않았다고 합니다. 그러던 어느 날 지금으로부터 4,300여 년 전 한라산 북쪽 기슭 모흥이라는 곳에서 신령한 화기가 내려오더니 삼신인(三神人)이 탄생하였습니다. 이 삼신인이 땅에서 솟아올랐다 하여 탄생한 장소를 삼성혈(三姓穴)이라고 하며, 이 세 명의 신의 이름을 을나(乙那)라고 하였습니다. 그리고 이들은 제주 고(高), 양(梁), 부(夫) 씨의 시조가 되었습니다.

이 삼신인의 모습은 신선의 모습으로 짐작이 되는데, 이들은 가죽옷을 입고 사냥을 하는 원시생활을 하며 사이좋게 살았습니다. 그러다가 어느 날은 한라산에 올라 멀리 동쪽 바다를 바라다보았더니 자주색 흙으로 봉한 나무상자가 파도를 따라 올라오고 있는 모습이 보였습니다. 이 나무상자 안에서는 자줏빛 옷에 관대를 한 사자가 있었는데 그는 아름다운 공주 세 분과 우마 및 곡식의 종자를 삼신에게 바쳤다

고 합니다. 그 사자는 동해의 벽랑국에서 온 사자로, 탐라에 상서로운 빛이 비치는 것을 보고 마땅한 배필이 없어 근심에 싸여 있던 벽랑국 왕이 세 공주를 나무상자에 넣어 보낸 것입니다. 이에 삼신은 몸을 정결히 하고 하늘에 제사를 지낸 후 세 분의 공주와 각각 혼인하여 살림을 차렸는데, 바로 이때부터 신의 생활에서 인간의 삶을 시작했다고 합니다.

자줏빛 함이 올라온 성산읍 온평리 바닷가를 연혼포(延婚浦)라 하며 지금도 세 공주가 도착할 때 함께 온 말의 발자국들이 해안가에 남아 있습니다. 또한 삼신인이 공주와 혼례를 올린 연못을 혼인지(婚姻池), 신방을 꾸몄던 굴을 신방굴(神房窟)이라 하며, 그 안에는 각기 세 개의 굴이 있어 현재까지 그 자취가 보존되고 있다고 합니다.

삼신인은 정착생활을 위한 터전을 마련하기 위해 한라산 중턱에 올라가 활을 쏘아 제주도를 세 부분으로 나누었으며, 이후로 오곡을 심고 우마를 길러 촌락을 형성함으로써 대대손손 자손들이 정착생활에 뿌리를 내리게 되는데, 이 나라들이 바로 탐라국의 기초가 됩니다.

그 후 수천 년간 탐라국으로 왕국을 유지하다가 고려시대에 합병되었습니다. 삼신의 이야기가 우리에게 주는 교훈이 있습니다. 작은 땅 탐라에 세 명의 권력자가 동시대에 등장했지만 권력 다툼이나 전쟁 없이 평화롭게 활을 쏘아 다스릴 나라를 나누었던 그들의 마음가짐이 바로 그것이지요. 이 이야기를 통해 우리는 평화를 사랑하는 제주인들의 넉넉한 마음을 다시 한번 느낄 수 있습니다.

# 올레 7코스

제주의 절경을 찬찬히 돌아볼 수 있는 특별한 여행

**제주 올레길 안내** http://www.jejuolle.org

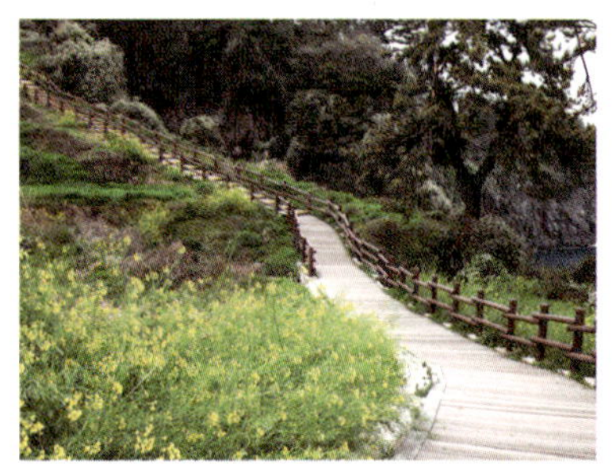

올레 7코스는 제주도의 많은 올레길 중에서도 아름답기로 유명한 코스입니다. 미취학기의 아이들라면 외돌개에서 돔베낭길에 이르는 2.3km 구간이 적당합니다. 차를 가지고 갔다면 외돌개 주차장에 주차하고 돔베낭길까지 걸은 후 돔베낭길 앞에 서있는 택시를 타고 외돌개 주차장으로 돌아오면 됩니다. 하지만 초등학교 고학년 정도에 기본 체력이 되는 아이들이라면 제주의 독특한 자연풍광에 젖을 수 있는 외돌개에서부터 법환 포구에 이르는 4.8km 구간 트레킹을 추천합니다. 특히 돔베낭길을 벗어나면 호근동 하수종말처리장에 이르는 길에 집집마다 주렁주렁 매달린 감귤 풍경이며 제주 시골 민가들의 푸근함, 맨 속살을 드러낸 듯한 수월봉에 이르는 흙길이 감동적인 제주의 자연풍경을 그대로 드러내줍니다. 어른들이라면 걷고 쉬고를 반복할 수 있

제주 올레 7코스에서 만난 아름다운 자연

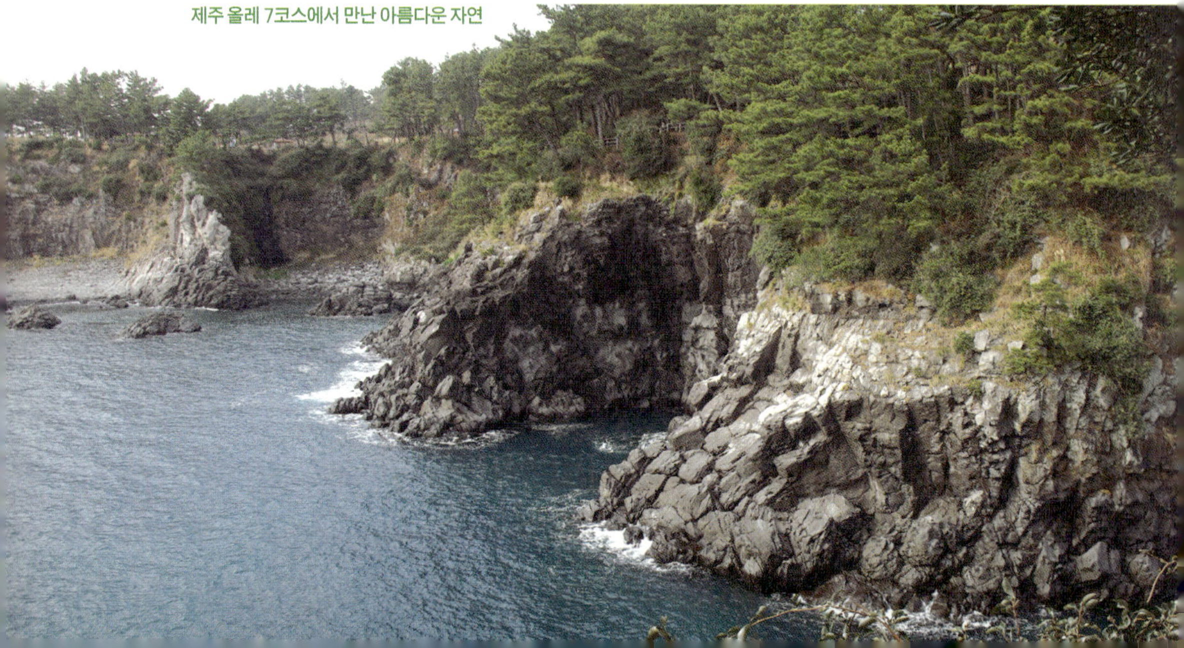

겠지만 아이들이 있기에 체력안배를 잘하는 것이 다음 여행코스를 위해서도 좋습니다.

아이들과 함께 체험할 수 있는 가장 좋은 올레길 코스는 올레 7코스인데요. 이곳은 총 길이가 16.4km입니다. 4시간에서 5시간 정도 걸리며 그 순서는 외돌개 ▶ 돔베낭길(2.3km) ▶ 호근동 하수종말처리장(3.1km) ▶ 속골(3.4km) ▶ 수봉로(3.8km) ▶ 법환 포구(4.8km) ▶ 두머니물 ▶ 일강정 바당올레(서건도, 7.7km) ▶ 악근내(풍림리조트, 8.9km) ▶ 강정천(9.2km) ▶ 강정 포구(13.2km) ▶ 알강정(14.2km) ▶ 월평 포구(15.1km) ▶ 월평마을 아왜낭목(16.4km)입니다.

# 협재해수욕장 비양도가 바라다보이는 아름다운 해변

**주소** 제주도 제주시 한림읍 협재리 | ☎ 064-710-3222

제주도에는 많은 해수욕장들이 있는데, 하나같이 투명하고 맑은 바다빛깔을 자랑하고 있습니다. 그중 협재해수욕장은 풍광도 아름답지만 수심이 얕고 파도가 잔잔하

여 아이들을 데리고 물놀이하기 좋은 곳입니다. 여름 휴가철에 방문하면 물놀이기구를 띄운 아빠와 엄마가 아이들을 태우고 즐겁게 한때를 보내는 모습을 심심치 않게 만나게 됩니다. 얕은 물에서 아이들은 투명한 하늘빛 바다에 몸을 담그고 엉금엉금 기어 다니기도 하고 부드럽게 유영하기도 하며 바다가 주는 행복을 만끽합니다.

　　주변으로 고급스러운 숙소는 없지만 깨끗하고 잘 정돈된 민박집이 다수 있어 가족 여행자들에게 아주 좋은 곳입니다. 이곳은 영화 〈봄날〉의 촬영지로도 유명합니다.

# 어승생악 세계자연유산인 한라산 천연보호구역

**주소** 제주도 제주시 해안동 산 220-12 | ☎ 064-713-9950 | http://www.hallasan.go.kr

유네스코는 2007년 6월 27일 제31차 세계유산위원회의에서 만장일치로 '제주 화산섬과 용암동굴'을 세계자연유산으로 등재하는 것에 찬성표를 던졌습니다. 이 결정으로 제주도는 대한민국의 첫 번째 세계자연유산이 되었습니다. 현재 세계자연

어승생악 정상에서 바라본 한라산 풍경

유산으로 등재된 구역은 한라산 천연보호구역, 거문오름용암동굴계(거문오름, 김녕굴, 뱅뒤굴, 만장굴, 용천동굴, 당처물동굴), 성산일출봉에 이르는 3개의 구역입니다. 그중 어승생악은 한라산 천연보호구역에 해당하는 오름으로 오르기가 어렵지 않으면서 눈부시게 아름다운 한라산 정상의 풍경을 정상에서 조망할 수 있는 포인트로도 유명합니다.

날씨가 쾌청한 날에는 멀리 추자도, 비양도, 성산일출봉까지 한눈에 내려다보이며 탐방 소요시간도 왕복 40~60분 정도로 아이들과 가벼운 산악 트레킹이라 생각하고 방문하면 됩니다. 어승생악 정상에는 1945년 당시 만들어진 일제군사시설 토치카가 남아있습니다. 어승생악 허리의 지하요새와 통하게 되어 있지만, 현재는 막혀진 상태입니다. 탁 트인 정상의 전망과 잘 보존된 자연 생태계는 제주에서 어승생악을 다시 찾게 만드는 이유기도 합니다.

어승생악 탐방코스는 어리목탐방안내소에서 어승생악까지 1.3km이며 아이들 평균 걸음으로 50~60분 정도의 시간이 소요됩니다. 그리고 하절기인 5~6월과 7~8월에는 오후 6시에 탐방로 입장이 통제되므로 자세한 것은 한라산국립공원 홈페이지를 참고하시기 바랍니다.

제주도의 대표적인 오름인 산굼부리

한라산은 화산작용으로 생긴 산이지만, 육지에서 백두대간의 산맥을 형성하고 있는 산들은 대부분 화산이 아닌 산들입니다. 다 같이 산이라는 이름으로 불리고 있지만 화산인 산과 화산이 아닌 산들은 뚜렷한 차이가 있습니다.

### 화산으로 만들어진 한라산

한라산은 중절모자를 엎어놓은 모양인데요. 화산섬들은 이와 같이 봉우리가 하나이고 분화구가 있습니다. 이 분화구에서 화산활동을 하는 산을 활화산이라 하며, 화산활동을 잠시 멈춘 산을 휴화산, 화산활동이 완전히 멈춘 산을 사화산이라 부릅니다. 한편 큰 화산 옆에 붙어서 생긴 작은 화산을 기생화산(제주도에서는 오름)이라고 하는데요. 이는 화산분출과정에서 마그마가 땅 위에 흘러내리는 길이 가지를 쳐서 다른 분화구를 이루어 생기는 현상이며, 제주도 한라산에는 주변에 370여 개나 되는 오름들이 존재합니다. 어승생악도 화산활동으로 생긴 오름의 일종입니다.

### 화산활동이 없었던 소백산

거대한 산맥을 이루고 있으며 산과 산 사이에 계곡과 능선이 뚜렷하게 존재하는 소백산은 지구 내부의 지각변동으로 생겨난 산입니다. 비, 바람에 의한 침식작용과 풍화작용으로 뾰족한 봉우리와 부드러운 능선이 만들어졌으며 지금도 그 모양이 변화하고 있습니다.

## 제주의 전복을 맛볼 수 있는 곳 유빈식당

**주소** 제주도 제주시 삼도2동 1200-1 | ☎ 064-753-5218

유빈식당의 별미인 전복 돌솥밥

전복 마니아들에게 알음알음 알려진 유빈식당은 질 좋은 전복을 사용하는 곳으로 유명합니다. 몸이 으슬으슬할 때나 저칼로리 영양분이 풍부한 보약을 섭취하고 싶을 때 전복만큼 좋은 음식도 드물지요. 이곳에서 전복 돌솥밥을 시키면 오돌오돌하게 씹히는 전복이 큼지막하게 얹어져 나오는데, 다른 내용물들도 씹히는 식감이 향긋하니 좋습니다.

유빈식당은 한국인의 입맛에 가까운 요리법을 선보이는 전복집이라 누구나 좋아하는 편인데요. 공항과도 지척이라 귀향하기 전에 마지막 만찬을 즐긴 후 비행기에 오르는 것도 좋을 것 같습니다.

## 제주의 절경이 내다보이는 바당뜰 펜션

**주소** 제주도 서귀포시 안덕면 창천리 794-3 | ☎ 016-697-5056 | http://www.jejubadang.com

바당뜰 펜션의 깔끔한 복층 독채

바당뜰은 바다와 뜰의 합성어로 제주 사투리입니다. 펜션 주변의 풍광은 그야말로 그림처럼 아름답습니다. 대평박수기정절벽이 병풍처럼 둘러싸여 있으며 산방산, 송악산, 형제섬, 가파도와 마라도를 한눈에 품을 수 있는 절경 중 절경 안에 오롯이 들어와 있는 펜션입니다.

주인아저씨가 낚시를 좋아하셔서 직접 배낚시를 나가기도 하지만, 무엇보다 이 펜션에서 꼭 해봐야 하는 것은 대나무낚시라는 전통낚시입니다. 펜션 앞마당에는 여러 대의 대나무 낚싯대가 세워져 있습니다. 펜션 뜰 앞 갯바위가 바로 던졌다 하면 낚이는 낚시 포인트기에 아이들이 던져도 금세 잡혀 올라오는 짜릿한 손맛을 경험할 수 있습니다. 수줍은 듯이 넉넉한 인심을 가진 주인아저씨와 친해지면 펄떡이는 귀한 생선회를 함께 맛볼 수 있는 기회도 얻을 것입니다. 또한 서귀포 인근 올레길과도 이어져 있어 한참 걷다가 돌아와 쉬기에도 좋으며 객실도 매우 깨끗하고 예쁘게 잘 관리되어 있습니다.

# 싱싱한 해산물이 입맛을 돋우는 곳 동복해녀촌

**주소** 제주도 제주시 구좌읍 동복리 1638-1 | ☎ 064-783-5438

해녀촌의 별미인 성게국수와 회국수

단돈 6,000원에 이렇게 두툼하게 썰어진 싱싱한 회와 갖은 야채들, 그리고 보기 드물게 쫄깃하고 탱탱한 면발을 자랑하는 국수를 한데 섞어 매콤한 양념에 무쳐 먹는 맛은 제주도가 아니면 만나기 힘든 맛일 겁니다. 회국수와 더불어 물회도 담뿍 들어 있는 싱싱한 생선회를 새콤달콤한 국물에 말아먹는 맛이 일품입니다. 네비게이션으로 검색할 때는 '해녀촌식당'으로 검색하면 나옵니다.

# 떠나기 전에 알아봐요!

제주를 여행하기 전에는 이것저것 준비할 것들이 참 많은데요. 그중 빼놓을 수 없는 것이 바로 제주를 저렴하게 여행하는 팁입니다. 다음의 두 가지 내용을 미리 알아두면 좀 더 저렴하고 알뜰하게 여행을 다녀올 수 있습니다.

## 누적된 마일리지를 이용하자!

우리나라의 대표 항공사인 대한항공과 아시아나항공의 마일리지를 사용해보세요. 대한항공(http://kr.koreanair.com)과 아시아나항공(http://www.flyasiana.com)에 회원가입 후 탑승 실적에 따라 누적되는 마일리지를 항공권 구입에 이용하는 것인데, 신용카드 중 항공마일리지 적립이 가능한 카드로 마일리지를 적립하는 방법도 매우 유리합니다. 두 항공사 모두 비수기에는 일인당 1만 마일리지로 제주행 왕복항공권 구입이 가능하며 성수기에는 일인당 1만 5천 마일리지가 공제됩니다. 2명 이상 한꺼번에 구입하면 10% 할인도 적용되며 세금은 따로 지불해야 합니다.

## 저가 항공 얼리버드 요금제를 이용하자!

우리나라에 제주에 취항하는 저가 항공사들이 많습니다. 항공사별로 차이가 있지만 진에어(www.jinair.com), 제주항공(www.jejuair.com), 이스타항공(www.eastarjet.co.kr), 에어부산(www.airbusan.com) 등의 저가 항공사에서는 비수기에는 파격적인 할인요금을 제공하고 있으며, 제주항공의 경우 얼리버드 요금제(일찍 예매하면 할인율이 높아지는 요금제)를 이용하면 항공료의 부담을 많이 덜 수 있습니다.

# 금강산도 식후경
## 추천 음식점

### 전주 아주 특별한 비빔밥이 있는 가족회관

**주소** 전북 전주시 완산구 중앙동 3가 80 | ☎ 063-284-0982 | http://www.jeonjubibimbap.com

양념장이 일품인 가족회관 비빔밥

말이 필요 없는 전주의 맛집입니다. 입소문이 나서 늘 북적거리기 때문에 식사시간에 방문하면 줄을 서서 기다려야 하지만 반찬들도 하나같이 훌륭하고 계란찜은 하나 더 주문해서 먹고 싶을 정도로 맛있습니다. 비빔밥 역시 다양한 나물들로 한껏 맛을 낸 것이 일품인데, 맵지 않은 양념장에 비벼먹기 때문에 어린아이들도 잘 먹습니다.

주말이면 관광객들과 지역주민들이 한데 엉켜 무척 왁자지껄한 분위기 속에서 오로지 비빔밥에만 열중한 사람들의 진풍경을 감상하는 재미도 쏠쏠합니다.

 **부안** 싱싱한 자연산 회를 맛볼 수 있는 **곰소항 수정이네횟집**

**주소** 전북 부안군 진서면 곰소리 638 (곰소선창가 해경초소 앞)  |  ☎ 063-581-8060

회보다는 전복, 해삼, 멍게, 산낙지 등의 부산물들을
더 좋아하는 저는 횟집에 가면 밑반찬으로 이런 것들
이 나오는지 미리 확인하는 편입니다.

지금 소개하려는 수정이네 횟집에서는 이런 싱싱한
회와 다양한 해산물들을 마음껏 먹을 수 있습니다. 모
두 부안 땅에서 얻는 해산물이어서 싱싱함으로 치면
서울 그 어디의 고급 횟집과도 비교할 수 없다는 장점
이 있습니다.

부안의 뻘은 아주 건강한 편이기에 해산물들이 아주
싱싱합니다. 백합, 동죽, 낙지, 굴 등 뻘에서 잡을 수

수정이네 횟집의 싱싱한 다금바리 회

있는 모든 해산물들을 상 하나에 가득 담아냈기에 해산물 만찬을 밑반찬으로 만날 수 있는 것도 곰소항 수
정이네횟집만의 장점입니다. 네비게이션으로는 길을 찾기 힘드니 방문하기 전에는 미리 전화문의를 한
후 찾아가는 것이 좋습니다.


**영암** 다양한 낙지 요리를 맛볼 수 있는 **청하식당**

**주소** 전남 영암군 학산면 독천리 1237-11  |  ☎ 061-473-6993

우리 집 식구들은 낙지를 유달리 좋아하는데요. 낙지
를 생으로 익혀서 아무렇게나 만들어주어도 냉큼 먹
어치우는 낙지 마니아들입니다.

영암의 낙지들은 전남 신안에서 공수해오는 뻘낙지들
이 많은데, 그래서인지 어느 식당을 들러도 강한 힘이
느껴지는 낙지의 참맛을 맛볼 수 있습니다.

영암의 낙지골목에 있는 맛집으로는 청하식당이 있습
니다. 청하식당을 좋아하는 이유는 밑반찬으로 나오
는 젓갈의 종류가 무척 다양하고 모든 음식에 감칠맛
이 나기 때문입니다. 낙지는 어느 식당이나 비슷하지

청하식당의 맛있는 낙지요리

만 젓갈을 좋아하는 저는 젓갈이 다양하게 나오는 청하식당을 유독 좋아합니다.

 **강진** 산해진미를 만날 수 있는 **보은식당**

**주소** 전남 강진군 강진읍 남성리 35 | ☎ 061-432-8789

입이 떡 벌어지는 보은식당 상차림

강진 하면 바다와 육지에서 나는 산해진미로 한 상 차려 나오는 한정식이 유명한데, 싱싱한 재료에 한 번 놀라고 저렴한 가격에 또 한 번 놀라게 됩니다.

서울에서는 상상도 할 수 없는 60,000원짜리 상차림(4인 기준으로 1인분에 15,000원 선)에 쏟아져 나오는 회, 산낙지, 전복회, 장어, 홍어, 돼지불백, 한우불고기전골, 굴비구이와 같은 각종 질 좋은 음식들의 향연에 입이 떡 벌어질 수밖에 없습니다. 입맛이 까다롭다든가 서로 취향이 다른 사람들이 함께 여행하더라도 강진의 보은식당에서는 걱정할 필요가 없습니다. 누구나 좋아할 만한 음식이 넉넉히 차려져 있는데다가 재료의 신선도 또한 보장할 수 있으니까요. 전복이며 산낙지며 장어구이 모두 맛있었지만 무엇보다 코끝을 알싸하게 쏘아주는 갓김치 맛은 지금도 잊을 수 없습니다.

 **장흥** 고향의 넉넉한 인심을 느낄 수 있는 **신녹원관**

**주소** 전남 장흥군 장흥읍 건산리 710-16 | ☎ 061-863-6622

신녹원관의 푸짐한 특 한정식 상차림

전남 장흥의 신녹원관은 초심을 잃지 않는 순박함을 그대로 간직하고 있는 집입니다. 어른 둘에 아이 셋이다 보니 한정식 3인분은 시켜야 한다고 말할 법한데 2인분에 공기밥을 사람 수대로 흔쾌히 가져다주시는 인심에 감동을 받았습니다. 왼쪽 사진의 푸짐한 상차림이 바로 어른 2인분에 해당되는 양입니다.

무엇보다 환상적이었던 것은 꿈틀거리는 힘이 느껴지는 산낙지와 입안에서 사르르 녹던 질 좋은 육사시미입니다.

이곳은 재료 하나하나의 우수한 질감이 느껴지는 깔끔하고 푸짐한 남도 한정식의 진수를 맛볼 수 있는 곳입니다.

# 싱싱한 자연산 회를 안심하고 먹을 수 있는 촌놈횟집

**주소** 경남 남해군 미조면 미조리 104-59 | ☎ 055-867-4977

남해를 갈 때마다 빠짐없이 방문하는 횟집이 있습니다. 미조항에 자리하고 있는 '촌놈횟집'입니다. 미조항은 남해의 오른쪽 섬 가장 남단에 있는 아름다운 항구입니다. 작고 아늑한 이곳은 늘 남해의 맛집을 찾는 관광객들과 현지인들로 북적입니다. 유난히 회를 좋아하는 남편과 삼남매 때문에 여행지 바닷가의 포구에서 해녀 분들께 자연산 횟감을 구입하여 숙소에서 먹거나 수협공판장을 이용하는 방법으로 여행경비를 절약했었지만 남해에서만큼은 부담 없이 질 좋은 회를 즐길 수 있습니다.

미조항에 있는 촌놈횟집은 그날그날 들어오는 자연산 횟감과 약간의 양식 회를 취급하는 곳입니다. 자연산만을 먹고 싶다면 횟감을 직접 고를 수도 있지요.

이곳을 운영하는 박대엽 씨는 뱃사람 출신으로 제철에 맞는 자연산 회를 모둠으로 엮어 싱싱하게 손님상에 제공하는 것으로도 유명합니다. 회는 어떻게 뜨느냐에 따라 그 식감이 달라지기도 하는데 촌놈횟집에서 썰어 내온 회는 자연산의 쫄깃한 식감을 제대로 살려주고 있습니다.

모둠회는 소(小)자에 40,000원, 중(中)자에 60,000원, 대(大)자에 80,000원 선이며 제철에 먹을 수 있는 다양한 해산물들도 싱싱한 맛을 자랑합니다. 4인 가족 기준이라면 중간 크기가 적당합니다. 손님들이 항상 붐비는 곳이기에 여름 성수기와 주말에는 미리 예약을 하고 방문하는 것이 좋습니다.

회의 질이 좋아서인지 매운탕 국물도 진합니다. 곁들여 나오는 반찬이 화려하지는 않지만 회의 맛으로 승부하는 곳이니만큼 큰 만족을 느낄 수 있답니다.

식감이 살아 있는 촌놈횟집의 싱싱한 회

진한 국물의 매운탕

# 내 집보다 편한 곳 추천 숙소

## 동해 바다를 바라볼 수 있는 낭만적인 캠핑카 망상오토캠핑리조트

**주소** 강원도 동해시 망상동 393-39 | ☎ 033-534-3110 | http://www.campingkorea.or.kr

캠핑카에서의 하룻밤은 여행을 사랑하는 사람들이라면 누구나 꿈꾸는 일입니다. 인적이 드문 바닷가에 캠핑카 하나 세워두고 석양을 바라보며 장작불을 피우는 일 또는 캠핑의자에 둘러앉아 포근한 담요를 두르고 따뜻한 커피 한 모금 마시는 상상은 생각만으로 가슴 한쪽을 뻐근하게 만듭니다. 그러나 현실로 돌아와 캠핑카 임대료를 알아보면 어마어마한 가격에 혀를 내두르게 됩니다. 그에 반해 망상해수욕장은 낭만적인 바다 풍경을 대표하는 아름다움이 있어 비용이 전혀 아깝지 않습니다.

주변에 어스름이 찾아오면 캠핑카 앞에 불을 지펴 바비큐를 하면 되는데, 불앞에 앉아 바비큐가 익어가는 소리를 들으면 분위기가 금세 좋아집니다.

가족과 함께하는 행복한 캠핑

동해망상오토캠핑리조트에는 캠핑카 외에도 텐트를 치고 캠핑할 수 있는 오토캠핑장과 통나무집이 있으며, 리조트 내에 매점도 있어서 여러모로 편리합니다. 캠핑카는 차 내부의 취사시설을 이용하는 것보다 공동 취사장을 이용하는 편이 좋은데, 이곳은 시설이 매우 깔끔한 편입니다.

동해시에서 운영하는 캐러밴은 순식간에 매진되기 때문에 미리 휴가 계획을 짜고 예약해야 합니다. 동해망상오토캠핑리조트에는 사설 업체에서 운영하는 캐러밴도 있는데, 이곳은 여러 여행사(파랑새투어, 02-755-8555)를 통하여 예약하면 됩니다. 한 달 전에만 문의한다면 어렵지 않게 예약할 수 있는데, 다소 비싼 편입니다. 하지만 내부가 넓고 여러 가지 시설들이 구비되어 있어서 이용하기는 더 편리합니다.

# 한 번 다녀오면 정들고 마는 곳 정든민박

**주소** 전북 부안군 진서면 석포리 227 (내소사 매표소 입구) | ☎ 019-9229-7574

아름다운 내소사를 품고 있는 변산반도 국립공원 입구에는 한 번 찾아가면 반드시 정들고 마는 따뜻한 민박 한 채가 자리 잡고 있습니다.

정든민박은 내소사 입구에 위치한 민박이라, 시골길을 꾸불꾸불 들어가야 하는 불편함이 없습니다. 민박 주변에는 맛있는 밥집들도 많아서 늦잠자고 일어나 슬렁슬렁 아침 먹으러 걸어 나가기에도 참 좋습니다.

정든민박은 주인 할아버지의 생가를 민박으로 개조한 숙소로, 미적 감각을 갖추신 할아버지 덕에 아름다운 정원과 풋풋한 집안 풍경을 만끽할 수 있습니다.

방의 구조는 주인댁과 손님들이 묵어가는 공간으로 나뉘는데, 그중 뜨뜻한 장작불을 떼어 아랫목의 온기를 제대로 느낄 수 있는 공간은 안채입니다. 뜨끈한 장작불의 온기가 그리운 분들은 예약할 때 안채에 묵고 싶다는 멘트를 잊어버리면 안 됩니다. 안채에서는 다른 고급 숙소보다는 비교적 저렴한 가격으로 황토방을 체험할 수 있습니다.

그 외에 화장실이 딸려 있는 방도 있고 독채로 된 건물도 있습니다. 화장실이 딸린 방은 단 한 칸이므로 다른 방을 예약하게 된 분들은 바깥마당에 있는 화장실을 사용해야 합니다.

민박집은 대한민국에 얼마든지 있습니다. 그러나 가끔 고향 집의 푸근함이 느껴지는 숙소에 묵고 싶다면 이곳을 추천합니다.

주말에는 할아버지께서 손수 피워주시는 장작불 앞에 옹기종기 모여 낯선 손님들끼리 사는 이야기를 주고받으며 가져온 음식을 나눠먹는 경우도 종종 있습니다.

온돌을 깔아 방이 무척 따뜻한 안채와
아궁이에서 퍼올린 참숯으로 구운 바비큐

 **뜨끈한 장작불과 물 맑은 계곡 여행 수월산방**

**주소** 강원도 영월군 북면 공기리 1560 | ☎ 011-9946-4578 | http://www.수월산방.kr

특색 있는 작은 박물관이 많은 강원도 영월! 영월은 주변 풍광이 수려하여 자주 찾게 되는 곳입니다. 바로 이곳에 자리한 수월산방은 아이들과 함께 묵을 만한 숙소가 마땅치 않아 고민하다가 찾아낸 보물 같은 장소인데요. 영월 내의 관광지들과 그다지 멀지 않은 거리에 있으며, 건강한 황토와 나무 등으로 집을 지은 곳입니다.

흔히 황토집이라고 하면 어둡고 쿰쿰한 냄새가 나는 옛날 황토방을 떠올릴 수 있지만, 수월산방은 이제 갓 만들어져 세련되면서도 포근한 맛이 있는 깨끗한 황토집입니다.

저는 천편일률적인 모양의 숙소보다는 이렇게 주관이 뚜렷하고 몸과 영혼을 맑게 해주는 숙소를 좋아합니다. 단순히 잠만 자는 공간이 아니라 차 한 잔 하며 쉬어갈 수도 있고, 몸속에서 독소가 다 빠져나갈 듯 신선한 땀을 흠뻑 흘릴 수도 있는 곳이 바로 수월산방입니다.

저희 가족은 수월산방을 가을에 방문했었지만 기회가 된다면 여름 휴가철에 한 번, 한겨울에 눈이 소복이 내렸을 때 또 한 번 다시 찾고 싶습니다. 여름에는 수월산방 옆을 흐르는 계곡에 발 담그고 붐비지 않는 색다른 휴가를 즐기고 싶기 때문이고, 겨울에는 눈 내리는 풍경을 보며 아랫목에 누워 도란도란 이야기꽃을 나누고 싶기 때문입니다.

가마솥에 푹 고아 맛을 낸 영양닭백숙도 미리 예약만 하면 수월산방에서 맛볼 수 있는 별미입니다. 4~5인 가족이라면 거실과 침실공간이 분리되어 있는 풍경소리 객실을 추천합니다. 안방에는 작은 카세트라디오가 있어 CD나 테이프를 가지고 가면 방 안에서 창밖 풍경을 보며 음악 감상을 할 수 있고, 거실에는 읽을 책도 구비되어 있어 좋습니다.

건강하게 숨 쉬는 수월산방 황토집

 **예천** 백두대간을 내 품안에 **문드래미 산장**

**주소** 경북 예천군 상리면 고향리 34 | ☎ 010-8904-8941 | http://www.moondremi.co.kr

문드래미 산장은 예천에서도 시골에 속하는 상리면의 해발 600m 산기슭에 위치해 있습니다. 서울에서 3시간 남짓 떨어진 그곳에서 저는 10여 년 전 이집트 배낭여행에서 보았던 별들 이후 처음으로 쏟아져 내릴 듯한 수많은 별들을 보았습니다.

아이들은 오리온자리의 별인 삼태성을 발견하고 너무나 즐거워하며 하늘을 향해 폴짝폴짝 뛰어올랐습니다. 산장의 불을 모두 끄자 밤하늘의 별들이 더 빛나기 시작했습니다.

"너 별 본 적 있니? 실제로 말야." 이 질문에 그렇다고 답할 수 있는 아이들이 몇이나 될까요?

"아, 행복해!" 산장에서 하룻밤을 보낸 우리 가족이 중얼거린 말입니다.

산장에는 구름소라는 방이 있습니다. 원래는 손님들이 산장에 모이면 만남의 자리로 내어주는 방이라고 합니다. 이 구름소에는 산장에서의 하룻밤을 더욱 로맨틱하게 만들어줄 요소들이 군데군데 숨어 있습니다. 그 방에는 하늘을 향해 뻥 뚫린 통창과 백두대간을 향해 뻥 뚫린 통창이 있습니다. 자리에 누워 불을 끄고 보면 달과 별이 하나의 창 안에 소복이 내려앉는다고 합니다.

문드래미 산장에서는 맑은 공기를 마시며 쉬거나 별과 함께 추억에 젖어보거나, 기타를 치며 노래를 부르거나, 향긋한 차 한 잔을 마시며 백두대간의 정기를 몸 안에 담아가는 모든 것들이 다 자연스러운 일이랍니다.

문드래미 산장 전경

 캠핑의 특별함을 느낄 수 있는 **강동그린웨이 가족캠핑장**

**주소** 서울 강동구 둔촌동 562 | ☎ 02-478-4079 | http://www.gdfamilycamp.or.kr

캠핑이 보편화된 미국과 달리 우리나라의 캠핑 문화는 아직 미약한 편입니다. 그러나 자연을 벗 삼아 하늘의 별을 보며 자연이 주는 바람 속에서 고요하게 여가를 즐기는 캠핑은 가족 여행의 재미를 배가시키는 훌륭한 아이템입니다. 휴가가 짧거나 주말을 특별하게 보내고 싶다면 서울에 있는 난지 캠핑장과 강동 그린웨이 캠핑장을 추천합니다.

강동 그린웨이 캠핑장은 최근 오픈한 곳으로 주말이면 캠핑 마니아들의 방문으로 늘 북적이는 곳입니다. 이곳은 이미 설치되어 있는 텐트를 사용하는 가족 캠핑장과 본인의 텐트를 가져와 설치할 수 있는 오토캠핑장 영역으로 나누어집니다.

예약은 인터넷으로 가능하며, 홈페이지에 들어가면 예약 일정이 공지되어 있으니 참고하면 됩니다. 생겨난 지 얼마 안 돼서 매우 깨끗하고 화장실과 샤워시설 등 편의시설도 잘 갖춰져 있습니다. 또한 이곳은 일자산 등반코스나 트레킹 코스와도 연계되어 있어 가족과 함께 특별한 시간을 가질 수 있습니다.

캠핑장에서 텐트를 설치하는 특별한 체험

 **부산** 한겨울에 즐기는 노천온천의 매력 **부산 파라다이스호텔**

**주소** 부산 해운대구 중동 1408-5 | ☎ 051-742-2121 | http://busan.paradisehotel.co.kr

해운대 하면 인파가 넘쳐나는 휴가철의 백사장을 흔히 떠올리지만 오히려 이곳은 비수기에 그 진면목을 볼 수 있는 곳입니다. 해운대 해수욕장을 따라 늘어선 멋진 호텔들과 수많은 맛집, 쇼핑센터와 볼거리들은 마치 해외에 온 듯한 착각을 불러일으킬 정도로 이국적입니다.

해운대의 가장 중심에 부산 파라다이스호텔이 있습니다. 우리 가족은 여름 성수기에는 숙소 가격이 너무나 비싸기에 주로 겨울을 이용하여 따뜻한 부산으로 여행을 떠나는데, 그때 하루 정도는 부산 파라다이스호텔에 묵습니다.

한겨울에 즐기는 노천 수영의 매력

이곳의 자랑은 무엇보다 노천 온천과 노천 수영장입니다. 호텔 신관과 본관에 각각 노천 수영장이 있으며, 수영장 옆에는 해운대 앞바다를 바라보며 노천 온천욕을 즐길 수 있는 온천탕도 있습니다.

추운 겨울에 코끝이 살짝 시릴 정도의 찬바람을 맞으며 따뜻한 노천 수영장에서 놀다 보면 문득 행복감과 아늑함이 몰려옵니다. 투숙객들에게 제공하는 조식도 무척 맛있으며 부산 현지 고객과 관광객들을 대상으로 한 파라다이스 석식 뷔페도 소문난 맛을 자랑합니다.

# 사진 출처

『대한민국 구석구석 교과서 여행』은
저자가 찍은 사진과 함께 이 분들께도 도움을 받았어요!

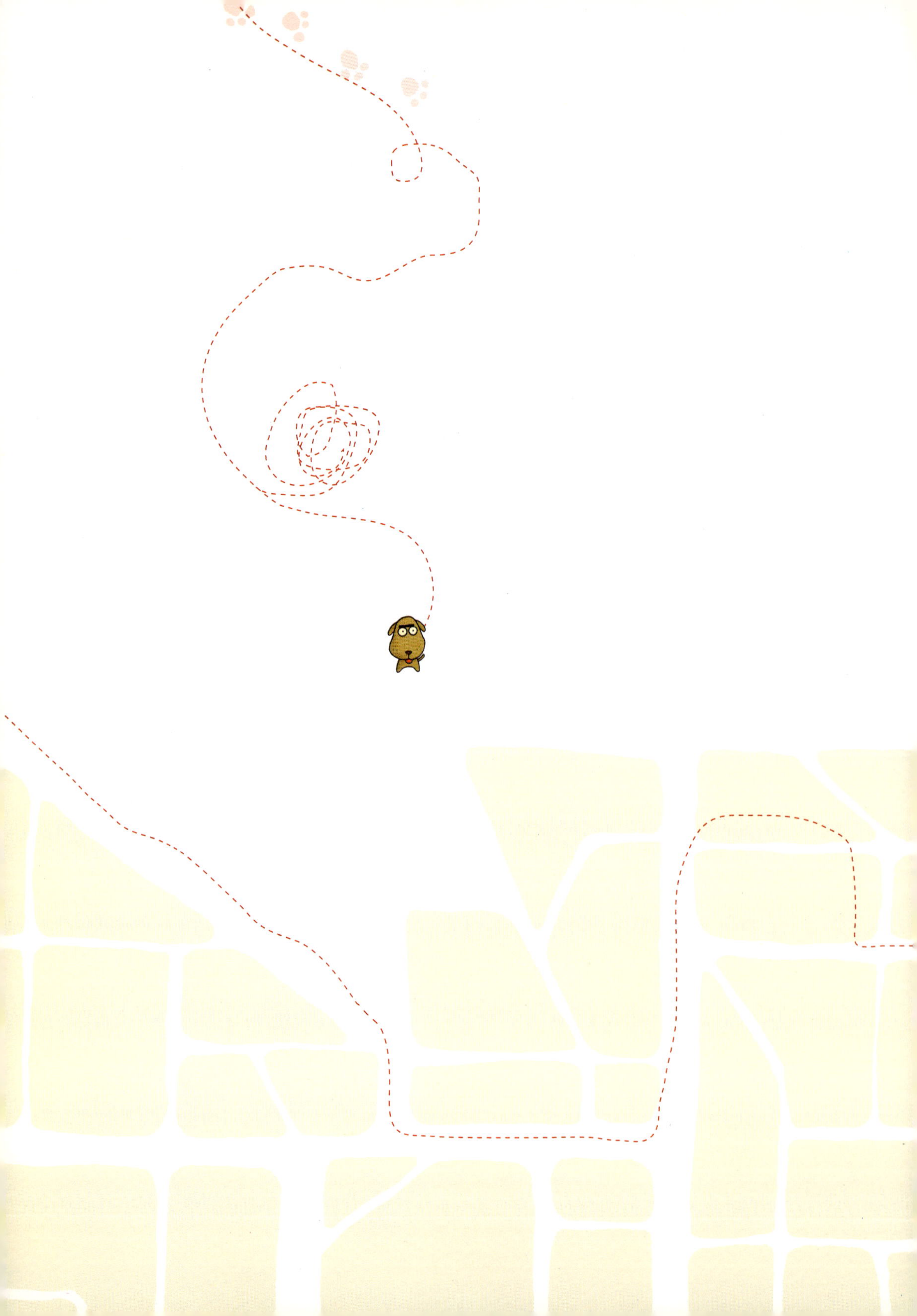

## 대한민국 구석구석 교과서 여행

**초판 1쇄 발행** 2010년 8월 6일
**초판 5쇄 발행** 2012년 4월 24일

**지은이** 김수정
**펴낸이** 김옥희
**펴낸곳** 아주좋은날
**기획·편집** 이미숙, 김은영
**마케팅** 최현욱, 조유정
**디자인** 디자인스튜디오 랑

**출판등록** 2004년 8월 5일 제16-3393호
**주소** 서울시 강남구 역삼동 679-5 아주빌딩 501호
**전화** (02) 557-2031
**팩스** (02) 557-2032
**홈페이지** www.appletreetales.com
**블로그** http://blog.naver.com/appletales

ISBN 978-89-91667-88-4 13980